Python 机器学习入门

机器学习算法的理论与实践

[日] 大曾根圭辅　关喜史　米田武　著

贾哲朴　译

机 械 工 业 出 版 社

本书全面细致地讲解了机器学习的基础知识及其应用，具体内容包括机器学习中必要的环境搭建和 Python 的基础知识、有监督学习和无监督学习的理论及其实际应用案例、有监督学习和无监督学习的机器学习模式，并以理论结合公式的方式讲解了 Python 代码的编写方法，以及数据的采集、处理和实际操作中机器学习的模式。

本书适合人工智能、机器学习方向的学生和技术人员学习、使用，也适合广大人工智能爱好者阅读。

图书在版编目（CIP）数据

Python 机器学习入门：机器学习算法的理论与实践/(日) 大曾根圭辅，（日）关喜史，（日）米田武著；贾哲朴译. —北京：机械工业出版社，2022.2
ISBN 978-7-111-69665-0

Ⅰ.①P… Ⅱ.①大… ②关… ③米… ④贾… Ⅲ.①软件工具-程序设计 Ⅳ.①TP311.56

中国版本图书馆 CIP 数据核字（2021）第 244725 号

机械工业出版社（北京市百万庄大街 22 号 邮政编码 100037）
策划编辑：任 鑫 责任编辑：任 鑫 杨 琼
责任校对：史静怡 张 薇 封面设计：马精明
责任印制：单爱军
河北宝昌佳彩印刷有限公司印刷
2022 年 2 月第 1 版第 1 次印刷
184mm×240mm · 12.25 印张 · 270 千字
标准书号：ISBN 978-7-111-69665-0
定价：79.00 元

电话服务 网络服务
客服电话：010-88361066 机 工 官 网：www.cmpbook.com
010-88379833 机 工 官 博：weibo.com/cmp1952
010-68326294 金 书 网：www.golden-book.com
封底无防伪标均为盗版 机工教育服务网：www.cmpedu.com

译 者 的 话

机器学习是在人工智能相关产品、服务的开发中，最基础的学习领域。同时机器学习也是一门专门研究计算机怎样模拟和实现人类行为的多领域交叉学科，涉及概率论、统计学、优化理论和算法复杂度等多个领域。它是人工智能的核心，是使计算机具有智能的根本途径，其应用遍及人工智能的各个领域。

Python 更是机器学习领域中最为常用的编程语言，掌握机器学习和 Python 的知识与技能是从事人工智能程序开发和进行相关研究的重要一环。本书正是从这一需求出发，详细讲解了机器学习的基础和实践。

本书讲述了机器学习开发环境的准备、实际使用方法、简单易懂的理论部分，以及数据收集、处理和相应的机器学习模式的使用方法。具体内容包括机器学习中必要的环境搭建和 Python 的基础知识、有监督学习和无监督学习的理论及其实际应用案例、有监督学习和无监督学习的机器学习模式并以理论结合公式的方式讲解了 Python 代码的编写方法，以及数据的采集、处理和实际操作中机器学习的模式。

鉴于机器学习专业性较强，且有一定的深度，在本书翻译过程中，虽然查阅了相关文献，力图准确表达原作者的意图，但限于译者水平，书中难免存在不妥和失误之处，望广大读者予以批评指正。

译者

原书前言

“人工智能将为商务活动带来变革”这个说法由来已久。商业界的注目使得更多的人都不断地加入这个领域中来。生活中关于人工智能的信息，从面向一般人的文章，到面向专业人士的论文，以及真假难辨的报道，层出不穷。而泛滥的信息使得初学者面临着较难的取舍选择，使得从零基础开始自学变得非常困难。

着笔写这本书的时候，人工智能大多指的是，诸如本书主要讲解的“机器学习算法”“机器学习模型”以及为一般用户提供的“系统”课题。然而，为了实现人工智能在商务活动中的应用，理解机器学习算法和构建系统的顺序是很有必要的。

本书将采用机器学习中最常使用的 Python 程序语言，不仅从算法的理解方面，还从实际操作方面，带领大家零基础学习机器学习的模型设计。我们期待读者通过这本书，掌握机器学习在商务活动应用中的技巧。除此之外，也希望读者能明白人工智能和机器学习关于“技术上指的是什么”“擅长做什么不擅长做什么”等问题的关键。

读完这本书，相信您对人工智能、机器学习会有更深入学习的兴趣。不论是想要掌握机器学习的技能从而在职场大展身手的 IT 工程师，还是将来想成为数据分析师的学生，如果这本书对您有帮助，我们将深感荣幸。

本书的读者对象及阅读必要知识

机器学习是在人工智能相关产品、服务的开发中，最基础的学习领域。

本书是讲解机器学习的基础和实践的书籍。

本书包括机器学习开发环境的准备、实际使用方法、简单易懂的理论部分，以及数据收集、处理和相应的机器学习模式的使用方法。

- Python 基础的程序语言知识
- 大学线性代数和微积分知识

本书的构成

本书分为 4 个章节。

第 1 章将介绍机器学习中必要的环境搭建和 Python 的基础知识。

第 2 章将分别举例讲解有监督学习和无监督学习。

第 3 章将介绍有监督学习和无监督学习的机器学习模式，主要以理论结合公式的方式讲解 Python 代码的编写方法。

第 4 章将对数据的采集、处理和实际操作中机器学习模式的利用进行说明。

本书样本的运行环境及样本程序

本书各章的样本都是在下表给出的操作环境中运行的，并且已确认没有问题。另外，本书是以 macOS 操作环境为基础进行叙述的，并通过 pip 命令指定库解析进行安装，具体参见 1.4 节。

运行环境

项目	内容	项目	内容
OS	mac OS Sierra/Moheva	Pandas	0.24.2
Python	3.6.1/3.6.2/3.7.0	Pillow	6.0.0
graphviz	2.40.1	scikit-learn	0.20.3
NumPy	1.16.2	SciPy	1.2.1
matplotlib	3.0.3	seaborn	0.9.0
mecab	0.996	swig	3.0.12
mecab-ipadic	2.7.0	开发环境	Homebrew（版本号 2.1.1）
mecab-python3	0.996.1		IPython（版本号 6.2.1~7.4.0）
			jupyter（版本号 1.0.0）

目　录

第1章　阅读本书前的准备

本章是本书的预备章节，将讲述所使用的程序语言 Python，以及其基本的安装方法。已经在使用 Python 进行软件开发的读者，可以跳过本章。

1.1　Python 的安装

本节主要介绍书中使用的 Python 程序语言的安装方法。

1.1.1　何为 Python

首先，简单解释一下 Python 是什么样的语言。

Python 是可逐行执行命令的解释型语言，是通用计算机编程语言中的一种。由于数值计算、机器学习、自然语言处理、图片处理等外部库的不断扩充，近年来，Python 常为机器学习工程师所使用。截至 2019 年 3 月，Python 已经更新到 3.7.2 的最新版本。我们将以本书撰写时的 3.6.2 版本为例进行介绍。

使用 Python 时需要注意的一点是，在版本 2 系列与版本 3 系列中，一部分程序的记述方法存在差异。本书中，将以 Python2 表示版本 2 系列、Python3 表示版本 3 系列，予以区别。

Python2 到 2020 年不再支持使用，与此同时，Python3 在 Python2 的基础上解决了存在的几个问题，同时又导入了有用的新功能，所以本书中将使用 Python3 进行讲述。

使用 Python2 编写的程序在 Python3 中将无法运行，确保操作没有问题的情况下，在书籍和网络上查询 Python 相关程序时，请留意编写程序使用的版本。

1.1.2　Homebrew 的安装

Homebrew 是基于 macOS 操作系统的软件包管理工具。已经在使用 Homebrew 或其他软件包管理工具的读者可以跳过这一项操作。软件包管理工具是指，针对 OS 操作系统可进行软件添加、卸载，以及对其依赖关系进行整理的软件。

考虑到 Homebrew 是最普及的，本书中将使用这个管理工具。基于 macOS 操作系统还有诸如 MacPorts、Flink 等软件包管理工具，读者可任意选择使用。同时安装多个上述软件会导致 OS 操作系统运行不畅，所以正在使用 Homebrew 之外软件包管理系统的读者，无需另外安装 Homebrew。

Homebrew 的安装非常简单，启动终端，执行以下命令即可。

终端

```
$ /usr/bin/ruby -e "$(curl -fsSL https://raw.➡
githubusercontent.com/Homebrew/install/master/install)"
```

安装完成之后，为了今后可以方便地变更 Homebrew 的安装方式，请按照官方网站的信息继续操作。

● **Homebrew**
URL https://brew.sh/index_ja

使用 Homebrew，可以非常简单地安装软件。

1.1.3　Python3 的安装

通常使用 Homebrew 来安装 Python。macOS 上自带标准的 Python2。

正如前面所提到的，Python2 在 2020 年终止支持，主要的开发将通过 Python3 进行，因此需要另外安装 Python3。

此外，在使用 Python2 的情况下，由于系统标准的 Python 更新不便，OS 的版本更新也会受到影响。同时，也有可能给数据库的安装以及其他软件带来影响，我们推荐通过 Homebrew 安装 Python2。

首先，来确认一下 macOS 中 Python 的版本。初始状态如下所示。

终端

```
$ which python
/usr/bin/python
$ python --version
Python 2.7.10
```

/usr/bin/python 是 macOS 标准安装的 Python。从版本 2.7.10 的结果中，我们可以得知安装的为 Python2。

如上所述，我们不应使用 macOS 上安装的标准 Python，应该使用 Python3，Python2 和 Python3 的安装通过以下代码实现。

终端

```
$ brew install python2
$ brew install python3
```

通过以下代码可以进行确认。

终端

```
$ which python
/usr/local/opt/python/libexec/bin/python㊀
$ which python2
/usr/local/bin/python2
$ which python3
/usr/local/bin/python3
$ python --version
Python 2.7.10
$ python2 --version
Python 2.7.10
$ python3 --version
Python 3.6.2㊁
```

从上述程序可以看到，出现了 Python2、Python3 这样的代码。使用的时候，启动 Python3 就可以了。Python 的路径因 Homebrew 的版本不同，同时，Python 的版本也会因为今后版本升级而变化，但是可以通过/usr/bin/python 来确认更换的版本、Python3 的安装以及安装的最新版本。这样，就完成了 Python 的安装。

1.1.4　虚拟环境的创建

安装了 Python，马上开始使用 Python 进行编程可能会有些困难，可以先来创建虚拟环境。在解释虚拟环境这个概念之前，先来演示一下创建方法，具体如下：

终端

```
$ mkdir ml-book-workspace
$ cd ml-book-workspace
$ python3 -m venv env
$ source env/bin/activate
```

这样就做好了一个［ml-book-workspace］的目录，可以用这个目录储存本书中编写的代码。在这个目录内执行 python3-m venv env 命令，即生成了 env 目录。接着，执行 source env/bin/activate 命令。source 命令就是执行储存在那个文件中命令的命令。

进行这样的操作，会出现什么结果呢？安装 Python 的同时，可以试着确认一下 Python 的路径和版本。

㊀ 更新 Homebrew 后可能会出现/usr/bin/python 状态的情况。届时，请参考下方网址进行设定。
URL https://qiita.com/Sh1ma/items/efa392f90bbb2a39b11b

㊁ 编写本书时的版本。

终端

```
(env) $ which python
/Users/ysekky/ml-book-workspace/env/bin/python
(env) $ python --version
Python 3.6.2  #  安装的为最新版本
```

Python 的路径转移到了刚刚生成的 env 目录下，版本变为 Python3. 6. 2。这就是虚拟环境。简单地说，创建虚拟环境，就是把这个目录专用的 Python 安装到 env 目录中。

python3-m venv env 就是在 env 目录中创建 Python 虚拟环境的代码。创建虚拟环境的目的是在开发多个项目时，避免项目彼此间冲突。正如本书中涉及的 scikit-learn 一样，Python 开发将安装使用多个外部的库。

这样的外部的库大多在 OSS（Open Source Software）上公开且频繁更新。另外，因更新而导致旧版本功能无法使用的情况不在少数。

由于虚拟环境的使用，每个程序使用的外部库版本可以固定，运行新旧程序也可以在一个机器中完成。

没有虚拟环境的话，外部库就只能安装一个版本。因此，1 年前开发的程序，会受到其他新程序安装的外部库的影响而无法运行，或者会出现因为旧程序的运行，导致新的库无法使用的情况。

由于以上原因，推荐在使用 Python 进行程序开发时，分别为每一个程序创建虚拟环境。

1.1.5 为何使用 venv（为何不用 pyenv、anaconda）

在编写本书时，网上搜索 Python 的环境创建方法，在日语网站上，使用 pyenv、python-virtualenv、anaconda、pipenv 的方法占了大多数，但是本书还是推荐使用 venv 的创建方法。本节将阐述具体的理由。对使用 venv 没有疑问的读者可以跳过这一节。

pyenv 是可以切换 Python 版本的软件。也就是说，只有对 Python 版本的细致切换有需要的用户才应该使用。如上所述，Python2 和 Python3 可以共存，但当 Python2 和 Python3 只是分开使用的话，就没有必要使用 pyenv。初学者更是没有必要去使用。

此外，和 pyenv 同时被推荐比较多的 Python-virtualenv，已经在 Python3. 3 之后具备了 venv 的标准功能，在仅使用 Python3 的情况下，不必按照本书所述使用 venv。

anaconda 是 anaconda 公司发布的针对数据分析的 Python 包管理工具，很多关于机器学习的书籍和网站都推荐它。另外，它有自己很多独特的技术，在使用 Python 标准的功能，使用外部库时，不会出现和使用标准 Python 不兼容的情况。以前安装机器学习包时，使用 anaconda 比较便利，但是近年来这样的案例很稀有，而且 anaconda 出现特有问题的情况比较多，所以不推荐初学者使用。

另外，最近也推荐使用 Docker 的方法。对于已经在程序开发中使用 Docker 的读者来讲是一个好方法，但是考虑到 Docker 的学习成本不算低，对于 Python 的机器学习入门来说有些过剩，本书中推荐 venv。

至于 pipenv 也是一样，虽然是个很好的环境管理工具，但是考虑到学习成本，本书中不会涉及。有兴趣的读者可以自己去了解一下。

综合以上原因，本书推荐使用标准的 venv 创建环境。

1.2　Python 的使用方法

本节主要讲述 Python 的基本使用方法。有 Python 编程经验的读者也可以跳过本节进行阅读。

另外，本书面向的是使用程序语言编程的读者，编程的基础请参照其他书籍。

此外，为了能够流畅阅读，本书只介绍最低限度的必要功能，Python 更详细的使用方法，请参照其他书籍。

1.2.1　输出 Hello World！

按照新程序语言学习的惯例，先来尝试输出 Hello World!。

上一节已经说过，Python 是解释型语言。首先来启动 Python 解释器。

终端

```
(env) $ source env/bin/activate
(env) $ python
Python 3.6.2 (default, Jul 17 2017, 16:44:47)
[GCC 4.2.1 Compatible Apple LLVM 8.0.0 (clang-800.0.42.➡
1)] on darwin
Type "help", "copyright", "credits" or "license" for ➡
more information.
>>>
```

使用 Python 命令启动 Python。

以下是 Hello World！的输出命令。

终端

```
>>> print("Hello World!")
Hello World!
>>>
```

解释器可以通过按键盘上的 Ctrl+D 键，或者使用 exit() 命令关闭。

终端

```
>>> exit()
```

此外还可以执行其他文件里的程序。

请创建一个如清单 1.1 所示的文件，把它保存在 1.1.4 小节建立的“ml-book-workspace”目录下。

清单 1.1 Hello. py

```
print("Hello World!")
```

然后，执行以下代码。

终端

```
(env) $ python hello.py
Hello World!
```

按照以上的方法操作，可以以文件的形式执行写好的程序。

1.2.2 IPython 的使用

接下来介绍一个更方便的 Python 解释器——IPython。

IPython 是前面介绍的 Python 解释器的加强版。

下面一起来看下究竟便利在何处吧。首先是 IPython 的安装，IPython 可以在 Python 的软件管理工具下通过 pip 命令安装。可执行以下命令：

终端

```
(env) $ pip install ipython
```

安装完成后，通过 ipython 语句即可启动 IPython。

终端

```
(env) $ ipython
Python 3.6.2 (default, Jul 17 2017, 16:44:47)
Type 'copyright', 'credits' or 'license' for more
information
IPython 6.2.1 -- An enhanced Interactive Python. Type ➡
'?' for help.

In [1]:
```

IPython 有很多功能，这里介绍以下 4 种：

1）强大的补全功能。

2）对象内省。

3）魔法指令。

4）历史命令搜索。

（1）强大的补全功能

使用 IPython 最重要的理由就是它具有强大的补全功能。

为了输出 Hello World!，在 IPython 上输入 p，再按一下键盘上的 Tab 键。IPython 的补全结果如图 1.1 所示。

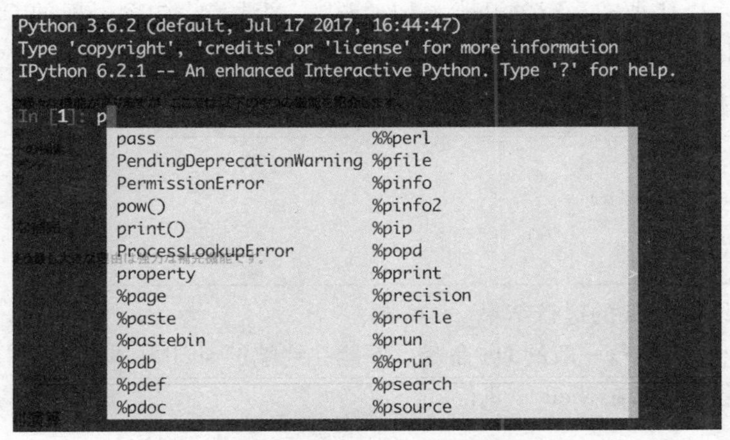

图 1.1 IPython 的补全结果

补全不仅限于像 print( ) 函数这样的标准依赖库功能，对于安装的外部依赖库以及自己设置的方法和函数也同样适用。

（2）对象内省

IPython 中使用“?”可以显示内省对象的信息。可以试着输入并执行“print?”命令，其运行结果如下：

终端

```
In [1]: print?
Docstring:
print(value, ..., sep=' ', end='\n', file=sys.stdout, ➡
flush=False)

Prints the values to a stream, or to sys.stdout by ➡
default.
Optional keyword arguments:
file:  a file-like object (stream); defaults to the ➡
current sys.stdout.
sep:   string inserted between values, default a space.
end:   string appended after the last value, default a ➡
newline.
flush: whether to forcibly flush the stream.
Type:      builtin_function_or_method
```

通过以上操作，可以显示函数对象的概要信息。另外，不仅是函数，变量和包也可以使用。

（3）魔法指令

IPython 具有 Python 以外便利的功能，这就是魔法指令。

执行魔法指令，需要在一行的开头添加“%”。魔法指令包含一般的 OS 命令。可以试着执行一下“%ls”，其运行结果如下：

终端

```
In [1]: %ls
hello.py    env/

In [2]:
```

这样操作可以得到 ls 的运行结果。

另外，“%”只能执行一般的 OS 命令。不能在终端的 shell 中执行魔法指令。

添加“！”指令可以在 shell 中执行。

终端

```
In [1]: %ping
UsageError: Line magic function %ping not found.

In [2]: !ping
usage: ping [-AaDdfnoQqRrv] [-c count] [-G sweepmaxsize]
            [-g sweepminsize] [-h sweepincrsize] [-i wait]
            [-l preload] [-M mask | time] [-m ttl] ➡
[-p pattern]
            [-S src_addr] [-s packetsize] [-t timeout]➡
[-W waittime]
            [-z tos] host
       ping [-AaDdfLnoQqRrv] [-c count] [-I iface] ➡
[-i wait]
            [-l preload] [-M mask | time] [-m ttl] ➡
[-p pattern] [-S src_addr]
            [-s packetsize] [-T ttl] [-t timeout] ➡
[-W waittime]
            [-z tos] mcast-group
Apple specific options (to be specified before ➡
mcast-group or host like all options)
            -b boundif           # 连接接口 ➡
the interface
            -k traffic_class     # 设置 traffic class ➡
```

```
socket option
            -K net_service_type  # 设置 traffic class ➡
socket options
            -apple-connect       # 调用 connect(2)    ➡
the socket
            -apple-time          # 显示电流时间


In [3]: !ls
hello.py     env
```

通过在命令前添加“!”即可执行 shell 命令。

需要注意的是，虽然可以直接运行 OS，但相比之下，在 IPython 中针对使用“%”的 OS 命令做了输出格式和高亮显示的优化。

IPython 除了可以运行 OS 的语句以外还有其他多种多样的功能。这里再介绍一下经常用到的%timeit 命令。

%timeit 命令是可以计算指定行的运行时间的魔法指令。

接下来测试一下通过 range 命令生成数列的运行时间。例如运行 range(1000)会自动生成 0，1，2，…，999 数列的指令。

终端

```
In [1]: %timeit range(1000)
343 ns ± 3.99 ns per loop (mean ± std. dev. of 7 runs, ➡
1000000 loops each)
```

由上面的程序执行结果可以看出，程序的运行时间存在一定程度的偏差。%timeit 命令多次执行，连同偏差值也会一起显示。

在这种情况下，该行循环了 1000000 次且运行了 7 次，并输出了每个循环运行次数的平均值和标准偏差。

这个循环次数和运行次数是根据运行结果自动确定的，也可以通过-n 设置循环次数、-r 设置运行次数来控制。

终端

```
In [1]:  %timeit -n 100 -r 2 range(1000)
369 ns ± 3.25 ns per loop (mean ± std. dev. of 2 runs, ➡
100 loops each)
```

不只是单行，复数行在魔法指令中通过使用“%%”来实现。

以下是求 range(10000)生成数列中最大值的命令。

终端

```
In [1]: %%timeit x = range(10000)
    ...: max(x)
    ...:
 375 µs ± 7.06 µs per loop (mean ± std. dev. of 7 ➡
runs, 1000 loops each)
```

复数行运行时间的测定也可以通过以上方法实现。

(4) 历史命令搜索

最后介绍的是历史命令搜索。

作为最简单的功能，可以通过“↑”“↓”追溯运行的行。单单这一点就十分方便了，但是为了历史命令也能方便搜索，还有其他便利的功能。

前面指令的输出，可以通过“_”显示。最多可以追溯 3 行，例如：

终端

```
In [1]: 1 + 1
Out[1]: 2

In [2]: _
Out[2]: 2
```

终端

```
In [1]: 1 + 1
Out[1]: 2

In [2]: 1 + 2
Out[2]: 3

In [3]: __
Out[3]: 2
```

终端

```
In [1]: 1 + 1
Out[1]: 2

In [2]: 1 + 2
Out[2]: 3

In [3]: 1 + 3
Out[3]: 4
```

```
In [4]: ___
Out[4]: 2
```

使用 In[1]、Out[1]，可以实现输入和输出，例如：

终端

```
In [1]: 1 + 1
Out[1]: 2

In [2]: In[1]
Out[2]: '1 + 1'

In [3]: Out[1]
Out[3]: 2

In [4]: Out[1] + Out[3]
Out[4]: 4
```

这就是历史命令搜索的便利功能。

在接下来的章节中，将使用 IPython 解释程序的运行。

1.2.3　四则运算

现在来介绍 Python 的基本功能。首先是最基本的数值四则运算。其中基本的运算符见表 1.1。

对学过其他程序语言的读者来说是很熟悉的运算符。可以通过下面实例复习一下。

表 1.1　基本的运算符

	运算符
加法	+
减法	-
乘法	*
除法（小数）	/
除法（整数）	//
余数	%

终端

```
In [1]: 1 + 1
Out[1]: 2
```

```
In [2]: 2 - 1
Out[2]: 1

In [3]: 3 * 3
Out[3]: 9

In [4]: 4 / 2
Out[4]: 2.0

In [5]: 10 / 4
Out[5]: 2.5

In [6]: 10 // 4
Out[6]: 2

In [7]: 10 % 4
Out[7]: 2
```

以上是 Python 的运算。

使用 Python2 的读者需注意除法操作的变化。

1.2.4　字符串的使用

接下来介绍的是字符串的使用。

在 Python 中字符串可以用很多种方法表示，常用的是在字符两边加 “'” 或者 “"”，如下：

终端

```
In [1]: "Hello World!"
Out[1]: 'Hello World!'

In [2]: print("Hello World!")
Hello World!

In [3]: 'Hello World!'
Out[3]: 'Hello World!'

In [4]: print('Hello World!')
Hello World!
```

像这样不管是用"还是用'包括起来都会被识别为字符串。这样的符号称为字符串文字。

使用 print 函数输出引号时，有时会省略引号字符串文字的输出。这时可以在" "内或者' '内加上转义字符\，以避免引号的省略。

终端

```
In [1]:  '"That's right!"'
  File "<ipython-input-17-1d0b1db60b14>", line 1
    '"That's right!"'
          ^
SyntaxError: invalid syntax


In [2]: '"That\'s right!"'
Out[2]: '"That\'s right!"'

In [3]: print('"That\'s right!"')
"That's right!"

In [4]: ""That's right!""
  File "<ipython-input-19-93495c9ea68b>", line 1
    ""That's right!""
        ^
SyntaxError: invalid syntax

In [5]: "\"That's right!\""
Out[5]: '"That\'s right!"'

In [6]: print("\"That's right!\"")
"That's right!"
```

通过以上这种方式进行转义，可以将字符串文字视为字符串输出。print 函数在输出时省略了转义符。

下面是一些关于处理字符串的方法。

首先是字符串连接。由字符串文字定义的字符串可以通过对齐两个字符串来连接。但是不能在表达式的中间、变量与字符串文字或变量之间连接。这种情况下，应该使用+连接。

下面是具体的示例。

终端

```
In [1]: "abc" "efg"
Out[1]: 'abcefg'

In [2]: "abc" 'efg'
Out[2]: 'abcefg'
```

```
In [3]: s1 = 'abc'

In [4]: s1 'efg'
  File "<ipython-input-28-15c1b08361e9>", line 1
    s1 'efg'
           ^
SyntaxError: invalid syntax

In [5]: s1 + 'efg'
Out[5]: 'abcefg'

In [6]: s2 = 'efg'

In [7]: s1 s2
  File "<ipython-input-31-170d487acc41>", line 1
    s1 s2
        ^
SyntaxError: invalid syntax


In [8]: s1 + s2
Out[8]: 'abcefg'

In [9]: 'abc' + 'efg'
Out[9]: 'abcefg'
```

从上例可以看到，字符串文字之间的连接可以通过两个字符串文字并排排列来实现，如果与变量拼接则需要使用运算符+。

字符串还可以使用下标来访问指定字符或部分字符串。字符串的下标从 0 开始，以-1 作为结尾。这与接下来要介绍的列表是相同的。

下面就是访问指定字符的方法。

终端

```
In [1]: s = 'abcdefg'

In [2]: s[0]
Out[2]: 'a'

In [3]: s[3]
Out[3]: 'd'
```

```
In [4]: s[6]
Out[4]: 'g'

In [5]: s[-1]
Out[5]: 'g'

In [6]: s[-3]
Out[6]: 'e'
```

使用下标索引的方式可以访问字符串中特定的字符。

下面的示例描述了如何访问部分字符串。这种访问方式称为切片，在下一节中介绍的列表类型也可使用这种方式访问。具体来说可以使用下标和“:”来指定访问范围。

终端

```
In [1]: s = 'abcdefg'

In [2]: s[:3]
Out[2]: 'abc'

In [3]: s[5:]
Out[3]: 'fg'

In [4]: s[-1:]
Out[4]: 'g'

In [5]: s[-4:]
Out[5]: 'defg'

In [6]: s[2:4]
Out[6]: 'cd'

In [7]: s[2:-2]
Out[7]: 'cde'
```

这样即可访问指定的部分字符串。

关于字符串的处理还有很多其他的方法，感兴趣的朋友可以深入了解一下。

1.2.5　列表类型的使用

本小节将介绍列表类型的使用。

列表类型是多个数据的排列集合。可以通过将数据放在方括号中来定义列表型数据。我们将方括号内的数据称为元素。

终端

```
In [1]: a = [1, 2, 3, 4, 5]

In [2]: a
Out[2]: [1, 2, 3, 4, 5]
```

列表类型允许以与字符串相同的方式访问每个元素。

终端

```
In [3]: a[1]
Out[3]: 2

In [4]: a[-1]
Out[4]: 5

In [5]: a[2:]
Out[5]: [3, 4, 5]

In [6]: a[:3]
Out[6]: [1, 2, 3]

In [7]: a[:]
Out[7]: [1, 2, 3, 4, 5]
```

与字符串不同，我们可以更改列表内的每个元素。

终端

```
In [8]: a[3] = 6

In [9]: a
Out[9]: [1, 2, 3, 6, 5]
```

要添加新元素时，需使用 append 函数。

终端

```
In [10]: a.append(7)

In [11]: a
Out[11]: [1, 2, 3, 6, 5, 7]
```

列表中也可以包含列表元素。

终端

```
In [12]: b = [[1, 2, 3], [4, 5, 6]]

In [13]: b
Out[13]: [[1, 2, 3], [4, 5, 6]]

In [14]: b.append([7, 8, 9])

In [15]: b
Out[15]: [[1, 2, 3], [4, 5, 6], [7, 8, 9]]
```

以上就是关于列表方法的介绍。

1.2.6　字典类型的使用

本小节将介绍字典类型的使用。

字典类型是一种允许通过特定的键来访问相应值的类型，在其他编程语言中被称为关联数组或 MAP。定义字典类型时，需使用大括号 {}。以下示例将展示字典的定义方法。

终端

```
In [1]: a = {'a':1, 'b': 2}

In [2]: a
Out[2]: {'a': 1, 'b': 2}

In [3]: a['a']
Out[3]: 1

In [4]: a['b']
Out[4]: 2

In [5]: a['c']
---------------------------------------------------------------
KeyError                      Traceback (most recent call last)
<ipython-input-5-40002e96e5d9> in <module>()
----> 1 a['c']

KeyError: 'c'
```

如上所述，通过用大括号定义字典类型，并用冒号分隔键和值来设置字典中的元素。访问字典中的值时，可以通过在方括号中指定键来获得与键相对应的值。如果指定了未定义的键，则会出现 KeyError。

以下示例展示了如何在现有的字典类型中定义新值，以及如何删除已定义的键。

终端

```
In [6]: a['c'] = 3

In [7]: a
Out[7]: {'a': 1, 'b': 2, 'c': 3}

In [8]: del a['b']

In [9]: a
Out[9]: {'a': 1, 'c': 3}
```

若要定义新值，需在方括号中指定键，然后将该值赋予它。若要删除键，则使用 del 命令加上要删除的键即可。键不可以更改。另外，数字和字符串是可以作为键使用的，但列表和字典不可使用，因为它们是可以更改的。

此外，在下一小节中描述的元组中，元素必须是不可更改的。

终端㊀

```
In [10]: a[1] = 4

In [11]: a
Out[11]: {1: 4, 'a': 1, 'c': 3}

In [12]: a[[1,2]] = 5
---------------------------------------------------------
TypeError                    Traceback (most recent call last)
<ipython-input-12-a03505562e30> in <module>()
----> 1 a[[1,2]] = 5

TypeError: unhashable type: 'list'


In [13]: a[(1,2)] = 6

In [14]: a
Out[14]: {(1, 2): 6, 1: 4, 'a': 1, 'c': 3}
```

㊀ 根据环境不同，Out[11] 和 Out[13] 输出的显示顺序会发生变化，如下所示。

```
Out[11]: {'a': 1, 'c': 3, 1: 4}

Out[13]: {'a': 1, 'c': 3, 1: 4, (1, 2): 6}
```

在机器学习领域的数据分析任务中，字典类型可以方便地记录任意数据的出现次数。

1.2.7　其他数据类型

本小节将介绍其他常用的数据类型。

(1) 元组类型

元组类型与列表类型一样，是一种表示多个数据的有排列集合的类型。

与列表类型不同的是，列表类型可以交换或增加数据，而元组类型一旦定义，就不能修改数据。元组类型通过将数据括在圆括号中进行定义，并用逗号将元素分隔开。

终端

```
In [1]: a = 1, 2, 3

In [2]: a
Out[2]: (1, 2, 3)

In [3]: a = (1, 2, 3)

In [4]: a
Out[4]: (1, 2, 3)

In [5]: a[0]
Out[5]: 1

In [6]: a[1]
Out[6]: 2

In [7]: a[1] = 4
---------------------------------------------------------------------------
TypeError                         Traceback (most recent call last)
<ipython-input-7-c04b8b3bfbb3> in <module>()
----> 1 a[1] = 4

TypeError: 'tuple' object does not support item assignment
```

另外，元组也可以是嵌套元组。

终端

```
In [8]: b = 4, a

In [9]: b
Out[9]: (4, (1, 2, 3))
```

元组是不可更改的，因此可以用作字典类型的键，而列表不可以。

终端

```
In [10]: c = {}

In [11]: c[a] = 5

In [12]: c
Out[12]: {(1, 2, 3): 5}
```

（2）集合型

顾名思义，集合型就是处理集合的类型。集合是不含重复元素的、无序数据的集合。可以使用大括号或 set 函数来定义。集合类型还支持集合运算。

终端

```
In [1]: a = {1, 2, 3, 3, 4, 5}

In [2]: a    # 不包含重复的值
Out[2]: {1, 2, 3, 4, 5}

In [3]: a.add(1)  # 使用add追加数据

In [4]: a  # 追加已经存在的数据不受影响
Out[4]: {1, 2, 3, 4, 5}

In [5]: a.add(6)

In [6]: a  # 追加不存在的数据
Out[6]: {1, 2, 3, 4, 5, 6}

In [7]: b = {3, 5, 6, 8, 10}

In [8]: a & b  # 交集可以得到共同元素
Out[8]: {3, 5, 6}

In [9]: a | b  # 并集可以得到两者中存在的元素
Out[9]: {1, 2, 3, 4, 5, 6, 8, 10}

In [10]: a - b  # 差可以减去元素
Out[10]: {1, 2, 4}
```

（3）Bool 类型和 None 类型

Bool 类型在 Python 中定义为 True 和 False，是用于处理真伪值的类型。

None 类型是用于处理未定义数据的类型，其被定义为 None。

终端

```
In [1]: a = True

In [2]: a
Out[2]: True

In [3]: a = False

In [4]: a
Out[4]: False

In [5]: a = None

In [6]: a  # 由于未定义，因此不显示任何内容
```

Bool 类型也是条件运算符的返回值。具体示例如下：

终端

```
In [1]: 1 < 2
Out[1]: True

In [2]: 1 in [1, 2]
Out[2]: True

In [3]: 4 in [1, 2]
Out[3]: False

In [4]: 1 == 2
Out[4]: False

In [5]: 1 == 1
Out[5]: True

In [6]: 'abc' == 'abd'
Out[6]: False

In [7]: 'abc' != 'abd'
Out[7]: True
```

1.2.8　条件分支

前面已经介绍了 Python 使用的类型，接下来将介绍控制语句。

首先是条件分支。Python 实现了 if 语句。在其他编程语言中可能使用 switch 语句，但在 Python 中没有。条件语句是使用上一小节中列出的 Bool 类型数据和各种条件运算符来描述的。具体示例如下：

终端

```
In [1]: a = True

In [2]: if a is True:
   ...:     print('a is true')
   ...:
a is true

In [3]: a = False

In [4]: if a is True:
   ...:     print('a is True')
   ...:

In [5]: b = 5

In [6]: if b == 4:
   ...:     print('b is equals 4')

In [7]: if b > 4:
   ...:     print('b is greater than 4')
b is greater than 4

In [8]: if b < 4:
   ...:     print('b is lower than 4')
   ...: else:
   ...:     print('b is not lower than 4')
   ...:
b is not lower than 4

In [10]: c = 'c'

In [11]: if c == 'a':
    ...:     print('c is a')
    ...: elif c == 'b':
    ...:     print('c is b')
    ...: elif c == 'c':
    ...:     print('c is c')
```

```
   ...: else:
   ...:     print('c is not a or b or c')
c is c
```

与许多编程语言一样，if 后跟真伪值或条件运算符。如果值为真，则执行内嵌代码；如果值为假，则不执行。

在 Python 中使用四个空格的缩进表示嵌套。

仅当与 if 不匹配时才切至 elif 分支，如果 elif 分支的值计算为 true，则执行与 if 相同的嵌套处理。可以使用零个或多个 elif。当 if 和 elif 都不匹配时，则执行 else 嵌套描述的处理。

什么运算为真，什么运算为假，在不同的编程语言中运算标准也不一样，因此会困扰很多程序员。

以下是在 Python 中的一些示例。

终端

```
In [1]: a = 0

In [2]: if a:
   ...:     print('a')

In [3]: a = 1

In [4]: if a:
   ...:     print('a')
   ...:
a

In [5]: b = ''

In [6]: if b:
   ...:     print('b')

In [7]: b = 'a'

In [8]: if b:
   ...:     print('b')
b

In [9]: c = []

In [10]: if c:
```

```
   ...:     print('c')
   ...:

In [11]: c = [1]

In [12]: if c:
   ...:     print('c')
c
```

如示例中所示，if 语句后直接跟数据类型时，对于数字类型，当值不为 0 时为 true；对于字符串类型，当字符串不为空时为 true；对于列表类型，当列表不为空时为 true。因此使用 if 时要注意数据类型的差异。

1.2.9 循环

本小节将介绍循环控制语句。

Python 提供了 while 语句和 for 语句。

(1) while 语句

只要 while 语句满足指定的条件，它就会一直执行嵌套内代码。例如以下循环示例。

终端

```
In [1]: n = 0

In [2]: while n < 10:
   ...:     n += 1
   ...:     print(n)
   ...:
1
2
3
4
5
6
7
8
9
10
```

(2) for 语句

同 while 语句一样，for 语句也是循环控制语句。不同的是，while 语句是在满足条件时执行迭代，而 for 语句则对多个数据集合（如列表和字符串）执行迭代，示例如下：

终端

```
In [3]: n = 0

In [4]: for i in [1, 2, 3, 4, 5]:
   ...:     print(i)
   ...:     n += i
   ...:     print(n)
   ...:
1
1
2
3
3
6
4
10
5
15

In [5]: for s in 'abcdefg':
   ...:     print(s)
   ...:
a
b
c
d
e
f
g
```

如果要对数组执行 for 语句，则使用 range 函数更方便。

终端

```
In [6]: for i in range(10):
   ...:     print(i)
   ...:
0
1
2
3
4
5
```

```
6
7
8
9

In [7]: for i in range(2, 20, 2):
   ...:     print(i)
   ...:
2
4
6
8
10
12
14
16
18
```

（3）continue、break、else 语句

接下来介绍循环迭代处理中的功能语句。

1）continue 语句表示直接执行下一个迭代，而无需执行后面的代码。

终端

```
In [8]: for i in range(10):
   ...:     if i == 5:
   ...:         continue
   ...:     print(i)
   ...:
0
1
2
3
4
6
7
8
9
```

2）break 语句标志终止循环。

终端

```
In [9]: for i in range(10):
   ...:     if i == 5:
   ...:         break
```

```
   ...:     print(i)
   ...:
0
1
2
3
4
```

3）else 语句用来描述当迭代完成时要执行的操作。

如果以 break 语句终止循环，则不会执行 else 语句。

终端

```
In [10]: for i in range(10):
    ...:     print(i)
    ...: else:
    ...:     print('finished!')
0
1
2
3
4
5
6
7
8
9
finished!

In [11]: for i in range(10):
    ...:     if i == 5:
    ...:         break
    ...:     print(i)
    ...: else:
    ...:     print('finished!')
    ...:
0
1
2
3
4
```

此外，Python 还提供了一种称为内涵表示法的循环数据生成方法。

例如，使用 for 语句创建一个 0~9 之间的整数二次方的数值列表。

终端

```
In [1]: a = []

In [2]: for i in range(10):
   ...:     a.append(i**2)
   ...:

In [3]: a
Out[3]: [0, 1, 4, 9, 16, 25, 36, 49, 64, 81]
```

而使用内涵表示法生成列表，应该按以下方式编写程序。

终端

```
In [4]: a = [i**2 for i in range(10)]

In [5]: a
Out[5]: [0, 1, 4, 9, 16, 25, 36, 49, 64, 81]
```

当然可以用上述简单的代码编写，还可以在内涵表示法生成的列表中引入 if 语句，例如

终端

```
In [6]: a = [i**2 for i in range(10) if i !=5]

In [7]: a
Out[7]: [0, 1, 4, 9, 16, 36, 49, 64, 81]
```

使用这种方法，一方面虽然省略了详细的说明，但与使用 for 语句的描述相比，内涵表示法运行速度更快。如果是简单的处理，速度大概是 2 倍，如果使用 if 语句的话，运行时间会提高 20%~30%。

另一方面，复杂的内涵表示法编写的程序往往很难读懂，所以在复杂的情况下最好不要勉强使用。不仅是列表类型，字典类型和集合类型也有内涵表示法。

终端

```
In [8]: a = {i: 'data_{}'.format(i) for i in range(10)}

In [9]: a
Out[9]:
{0: 'data_0',
 1: 'data_1',
 2: 'data_2',
 3: 'data_3',
```

```
 4: 'data_4',
 5: 'data_5',
 6: 'data_6',
 7: 'data_7',
 8: 'data_8',
 9: 'data_9'}

In [10]: a = {i for i in range(10)}

In [11]: a
Out[11]: {0, 1, 2, 3, 4, 5, 6, 7, 8, 9}
```

元组类型不存在内涵表示法。如果在（）中使用内涵表示法，则会产生一个生成器。

终端

```
In [12]: a = (i for i in range(10))

In [13]: a
Out[13]: <generator object <genexpr> at 0x11069c4c0>

In [14]: for i in a:
    ...:     print(i)
    ...:
0
1
2
3
4
5
6
7
8
9
```

什么是生成器呢？本书中没有进行详细的说明。简要地说，它是具有生成循环数据的功能程序。因为它每次只处理单个循环内的元素，所以具有提高计算效率的优点。

1.2.10　函数的使用

前一小节介绍了 Python 中描述迭代过程的基本方法。本小节将介绍函数的使用。

函数是大多数编程语言中都会使用的概念。简单地说，它是一种功能，用于总结过程并使其可以重复使用。

在 Python 中，函数由语法 def 函数名称（参数）定义。也可以没有参数，如 func1( )。

当要调用定义的函数时，可使用语法函数名称（参数）。

终端

```
In [1]: def func1():
   ...:     return 1
   ...:

In [2]: func1()
Out[2]: 1

In [3]: def func2(a, b):
   ...:     return a + b
   ...:

In [4]: func2()
---------------------------------------------------------------
TypeError                 Traceback (most recent call last)
<ipython-input-18-1159c30513e1> in <module>()
----> 1 func2()

TypeError: func2() missing 2 required positional ➡
arguments: 'a' and 'b'

In [5]: func2(1, 2)
Out[5]: 3

In [6]: def func3(s):
   ...:     print('Hello {}'.format(s))
   ...:

In [7]: func3('Python')
Hello Python
```

调用函数时，如果传入参数与函数定义时指定的参数不同，将会出现错误。

使用 return 对函数设置返回值。返回值不能使用形如 func3 的方式，此时相当于没有设置返回值。

函数有多种定义参数的方法。在本小节中还将介绍其中的一些方法。Python 可以用以下示例的方式对函数的参数设置默认值。

终端

```
In [8]: def func(a, b=2):
   ...:     return a + b
```

```
    ...:

In [9]: func(1)
Out[9]: 3

In [10]: func(3, 4)
Out[10]: 7

In [11]: def func4(a=1, b):
    ...:     return a + b
  File "<ipython-input-29-41e0401f7d98>", line 1
    def func4(a=1, b):
              ^
SyntaxError: non-default argument follows default argument
```

上述示例中，如果在没有传入指定参数值的情况下调用函数，则函数接收到的参数将使用设置的默认值。如果传入的参数有指定的值，则默认值会被该值覆盖。可以为所有参数设置默认值，也可以只设置部分参数，但必须将设置默认值的参数放在无默认值的参数之后。

调用函数时，还可以使用关键字作为参数，示例如下：

终端

```
In [12]: def func5(a, b, c):
    ...:     return a + b - c
    ...:

In [13]: func5(a=1, b=2, c=3)
Out[13]: 0

In [14]: func5(c=3, a=1, b=2)
Out[14]: 0

In [15]: func5(1, b=2, c=3)
Out[15]: 0

In [16]: func5(a=1, 2, 3)
  File "<ipython-input-34-55209eb802e0>", line 1
    func5(a=1, 2, 3)
              ^
SyntaxError: positional argument follows keyword argument
```

调用函数时，可以使用定义函数时指定的参数名来传入参数值。这种按关键字传入参数的方式，即使不按照函数设置的参数顺序传入也可以正确地调用函数。此外，还可以有序地传入所有的参数，且无需指定关键字。一旦使用了关键字，则所有后续参数都必须使用关键字。

另外，可以将函数定义为接收任意参数或关键字。

终端

```
In [17]: def func6(*args):
    ...:     s = 0
    ...:     for i in args:
    ...:         s += i
    ...:     return s
    ...:

In [18]: func6()
Out[18]: 0

In [19]: func6(1)
Out[19]: 1

In [20]: func6(1, 2, 3, 4)
Out[20]: 10
```

上述示例即定义了函数接收任意参数的情况。注意在参数前加上了符号 *，args 可以任意设置，通常写为 args。

传入的 args 参数为列表且被函数接收，列表中的元素也会传入函数。函数 func6 运行结果显示返回列表内所有元素的总和。

终端

```
In [21]: def func7(**kwargs):
    ...:     for k, v in kwargs.items():
    ...:         print('{}:{}'.format(k, v))
    ...:

In [22]: func7()

In [23]: func7(a=1, b=5, c='hoge')
a:1
b:5
c:hoge
```

上述示例是传入任意关键字参数并调用函数过程的情况。同样地，在参数前加上 ** 也是一种重要的方式，通常跟 kwargs。 * args 传入的参数作为列表类型接收，而 ** kwargs 传入的关键字和指定值作为字典类型接收。

* args 和 ** kwargs 可以同时使用，也可以与其他常规参数一起使用，但必须在常规参数之后定义。此外，** kwargs 不能在 * args 之前定义。

1.2.11　类的使用

本小节将介绍 Python 中的类及类的使用。

在面向对象的编程中，类定义了对象。关于什么是面向对象的编程，本书并不涉及，请参阅其他相关书籍。Python 中的类非常简单，以下示例即定义了一个简单的类。

终端

```
In [1]: class Person:
   ...:     def __init__(self, name):
   ...:         self.name = name
   ...:     def get_name(self):
   ...:         return self.name
   ...:

In [2]: john = Person('john')

In [3]: john.get_name()
Out[3]: 'john'

In [4]: john.name
Out[4]: 'john'
```

如上述示例，是使用语法“class 类名”来定义类，并使用语法“类名（）”来生成类的实例。在生成实例时调用类的构造函数。类中名为__init__的函数可以定义构造函数。

在类的实例函数中，第一个参数需传入名为 self 的变量，并且可以通过 self 访问实例变量。实例变量可以通过语句“实例 . 变量名”访问，实例函数可以通过语句“实例 . 函数名”访问。

1.2.12　标准库的使用

最后介绍一下标准库的使用。

首先将介绍 datetime，它提供了一系列处理日期和时间类型数据的方法。如果要在 Python 中使用库，则使用 import 语句（下例显示了本书的撰写时间）导入。

终端

```
In [1]: import datetime

In [2]: day = datetime.datetime(2018, 1, 1)
```

```
In [3]: day
Out[3]: datetime.datetime(2018, 1, 1, 0, 0)

In [4]: now = datetime.datetime.now()

In [5]: now
Out[5]: datetime.datetime(2018, 1, 3, 16, 43, 51, 614988)


In [6]: day.year
Out[6]: 2018

In [7]: day.month
Out[7]: 1

In [8]: day.day
Out[8]: 1

In [9]: day2 = day + datetime.timedelta(days=1)

In [10]: day2
Out[10]: datetime.datetime(2018, 1, 2, 0, 0)
```

datetime 标准库可将数值型数据作为参数传递并生成日期和时间类型的数据。now 函数可以获取当前的日期和时间。日期和时间类型的实例变量可以访问年、月、日等信息。

timedelta 类型的数据可以使用加法和减法来进行运算。接下来介绍数学标准库 math。

终端

```
In [11]: import math

In [12]: math.log(10)
Out[12]: 2.302585092994046

In [13]: math.exp(10)
Out[13]: 22026.465794806718

In [14]: math.pi
Out[14]: 3.141592653589793
```

数学库里包含各种可用来计算的数学函数。此外，Python 还提供了许多具有其他功能的标准库，有兴趣的读者可进行深入了解。

1.3　Jupyter Notebook 的安装和使用

本节将介绍 Jupyter Notebook 的安装和使用。

Jupyter Notebook 是一种可以在 Internet 浏览器（如 Safari 和 Chrome）上执行代码的软件。

之前的章节里介绍了 IPython，而 Jupyter Notebook 最初是作为 IPython 的一部分独立开发的软件，目的是更专注于数据科学领域，并处理各种编程语言。

除了 Python 之外还可以使用其他编程语言，如 R 和 Julia，但是本节将重点介绍 Python 的功能。

Python 具有丰富的功能，可以方便地进行数据挖掘、数据分析和数据可视化，被广泛应用于数据科学领域。

1.3.1　Jupyter Notebook 的安装和启动

Jupyter Notebook 也可以使用 pip 命令进行安装。

终端

```
(env) $ pip install jupyter
```

安装后，运行以下命令即可启动 Jupyter Notebook。

终端

```
(env) $ jupyter notebook
```

此命令将启动浏览器，并在标准 Internet 浏览器中启动 Jupyter Notebook。

此外，还可以通过访问默认的 URL 地址 http://localhost:8888 进行启动。

1.3.2　Jupyter Notebook 的使用

本小节将介绍如何使用 Jupyter Notebook 运行程序。启动 Jupyter Notebook 后，将会看到如图 1.2 所示的页面。

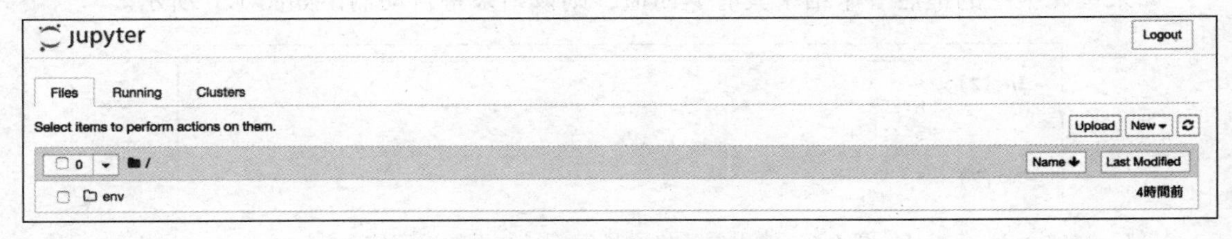

图 1.2　Jupyter Notebook 页面

在 Jupyter Notebook 中，描述程序的文件称为 notebook。首先，让我们创建一个 notebook。

单击右上角的“New”按钮，然后选择“Python3”如图 1. 3 所示。

如果在这里安装了其他编程语言，也可以选择其他编程语言。

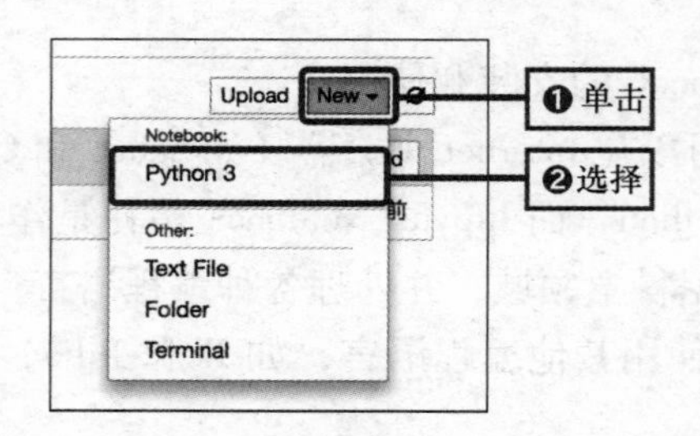

图 1. 3　在 Jupyter Notebook 中创建 notebook

当选择 Python3 时，新建的 notebook 页面将在 Internet 浏览器中打开，如图 1. 4 所示。

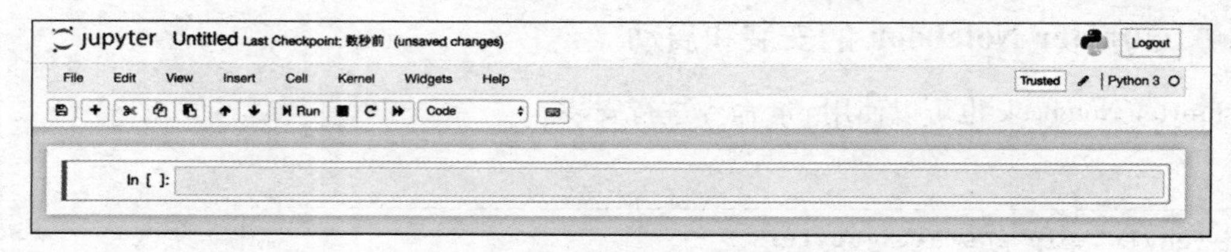

图 1. 4　新建的 notebook

菜单底部的输入区域称为单元格。Jupyter Notebook 以单元格为单位执行程序。

接下来尝试输出 Hello World!。

在单元格中输入 print("Hello World!")，然后按下键盘上的［Shift］+［Enter］键运行单元格中的程序。输出结果如图 1. 5 所示。

```
In [1]: print("Hello World!")
        Hello World!
```

图 1. 5　在 Jupyter 上实现输出 Hello World!

如果单元格中的最后一个结果具有返回值，则该结果将自动输出如图 1. 6 所示。

```
In [2]: a = 1
        b = 2
        a + b

Out[2]: 3
```

图 1. 6　输出单元格中最后运行结果的返回值

当然，也可以在单元格中执行 for 语句，定义和使用函数如图 1. 7 所示。

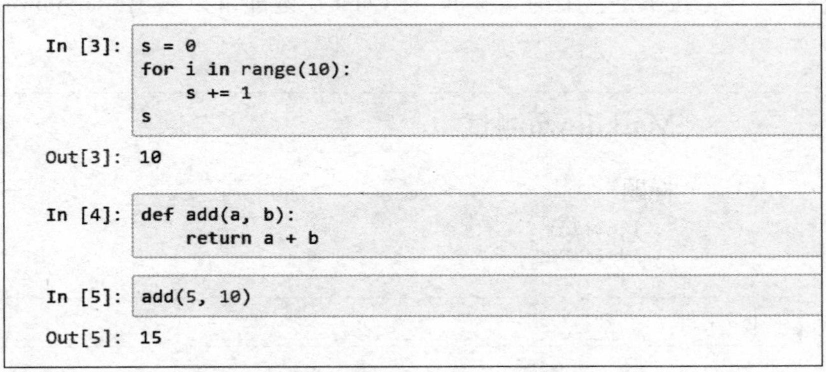

```
In [3]: s = 0
        for i in range(10):
            s += 1
        s
Out[3]: 10

In [4]: def add(a, b):
            return a + b

In [5]: add(5, 10)
Out[5]: 15
```

图 1.7　for 语句或函数的使用示例

单元格不仅可以编写代码，还可以编写 Markdown 文本。这些文本可以很方便地保存 notebook 代码的注释，记录实验结果笔记，并随时检查。

选中要输入的单元格后，从菜单中的“Cell”中选择“Cell Type”，再选择“Markdown”如图 1.8 所示。

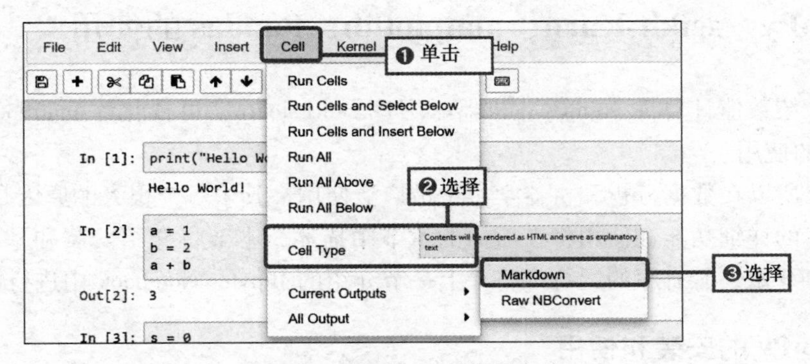

图 1.8　Markdown 的设置方法

然后，单元格即更改为 Markdown 文本框，并且可以编写 Markdown 格式的文本如图 1.9 所示。

此类型的单元格中无法再写入程序。

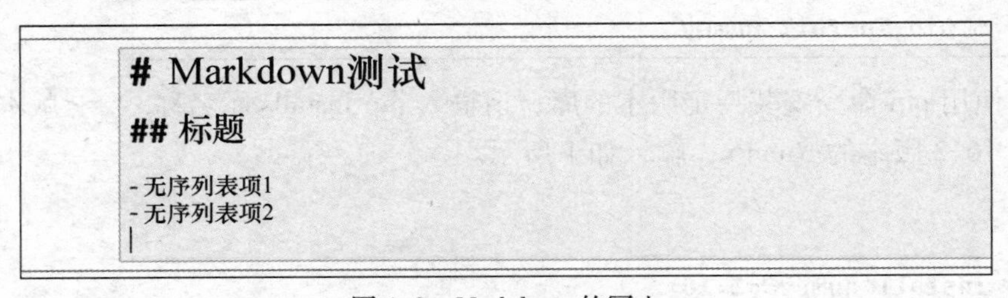

图 1.9　Markdown 的写入

与运行程序一样，按下键盘上的［Shift］+［Enter］键即可以输出 Markdown 格式文本如图 1.10 所示。

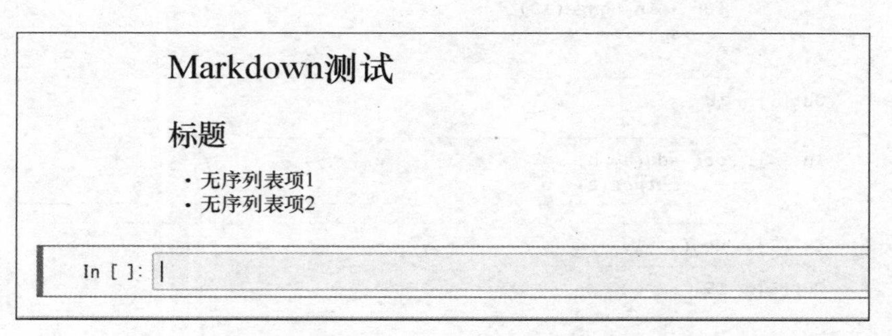

图 1.10　Markdown 单元格的运行

以上即是 Jupyter Notebook 的基本用法。它的特点是可以在浏览器上运行交互环境，运行结果可以存储和重复使用，在需要反复试验的数据科学领域非常有用。此外，使用可视化库可以更方便地使用它，这些库将在下一节中介绍。

1.4　NumPy、scikit-learn、matplotlib、Pandas 的使用

本节将介绍数值计算库 NumPy、机器学习库 scikit-learn、可视化库 matplotlib 和数据分析库 Pandas 的使用。

Python 之所以在数据分析和机器学习中被广泛使用，其中一个很大的原因是它拥有丰富的库。每个库的详细功能和使用将在后面的章节中描述，本节将介绍安装和基本使用方法。另外，从本节开始，所有库的运行都将在上一节介绍的 Jupyter Notebook 中进行说明。

1.4.1　NumPy 的安装和使用

本小节将对 NumPy 的作用进行简要介绍。

如前一节所述，可使用 pip 命令在 Python 上安装库，如下所示。

终端

```
(env) $ pip install numpy
```

如果要使用 pip 命令安装指定版本的库，请输入 pip install<库名称>==<版本名称>。如果要安装 1.16.2 版本的 NumPy，输入如下所示。

终端

```
$ pip install numpy==1.16.2
```

NumPy 最大的特点是可以快速处理矩阵及运算。从这里开始，将在 Jupyter Notebook 上运行代码。

定义矩阵的方法见清单 1.2。

清单 1.2　定义矩阵的方法

In

```
import numpy

a = numpy.array([1, 2, 3])
```

In

```
a
```

Out

```
array([1, 2, 3])
```

In

```
a.shape
```

Out

```
(3,)
```

In

```
b = numpy.array([[1, 2, 3], [4, 5, 6]])
```

In

```
b
```

Out

```
array([[1, 2, 3],
       [4, 5, 6]])
```

In

```
b.shape
```

Out

```
(2, 3)
```

清单 1.2 中使用 numpy. array 定义矩阵。

矩阵的行和列可以使用 shape 属性查看。库中还提供了很多实用函数，可以轻松生成各种矩阵。其中常用的实用函数见清单 1.3。

清单 1.3 生成各种矩阵的实用函数

In

```
numpy.zeros((3,3))
```

Out

```
array([[0., 0., 0.],
       [0., 0., 0.],
       [0., 0., 0.]])
```

In

```
numpy.eye(3)
```

Out

```
array([[1., 0., 0.],
       [0., 1., 0.],
       [0., 0., 1.]])
```

In

```
numpy.ones((3, 3))
```

Out

```
array([[1., 1., 1.],
       [1., 1., 1.],
       [1., 1., 1.]])
```

In

```
numpy.random.random((3, 3))
```

Out

```
array([[0.4483938 , 0.18104815, 0.01537672],
       [0.82634175, 0.11062281, 0.07643027],
       [0.91198849, 0.80413203, 0.49165611]])
```

zeros 函数用于生成所有元素都为 0 的矩阵；eye 函数用于生成指定大小的单位矩阵。ones 函数用于生成所有元素都为 1 的矩阵；random 函数用于生成指定大小的随机数矩阵，其中每个元素都是随机数。

接下来介绍矩阵的运算，见清单1.4。

清单1.4　矩阵的运算

In

```
a = numpy.array([[1, 2, 3], [4, 5, 6]])
b = numpy.array([[7, 8, 9], [10, 11, 12]])
```

In

```
a + b
```

Out

```
array([[ 8, 10, 12],
       [14, 16, 18]])
```

In

```
a * b
```

Out

```
array([[ 7, 16, 27],
       [40, 55, 72]])
```

In

```
numpy.dot(a, b.T)
```

Out

```
array([[ 50,  68],
       [122, 167]])
```

清单1.4中，b.T表示b的转置矩阵。如上所述，元素之间的运算使用普通的运算符执行，矩阵之间的运算需要调用NumPy方法执行。库中还实现了许多其他的运算和函数，本书中将一一进行介绍。

1.4.2　scikit-learn的安装和使用

本小节将简要介绍如何使用机器学习库scikit-learn。

和安装其他库一样，使用pip命令安装scikit-learn。

使用scikit-learn需要SciPy库，因此我们这里同时安装SciPy。

SciPy是一个使用方便、计算迅速的科学计算库，在实现算法或者进行复杂数值计算时非常方便，但本书中的算法大部分都是用库实现的，在此就不详细介绍了。

终端

```
(env) $ pip install scipy
(env) $ pip install scikit-learn
```

scikit-learn 可以处理各种机器学习算法。

机器学习的各种算法将在后面的章节中介绍，所以本小节仅介绍 scikit-learn 基本的使用方法。本小节以监督学习算法 Support Vector Machine（SVM）为例，介绍 scikit-learn 的使用。这里只介绍了 scikit-learn 的基本使用方法，因此省略了对 SVM 的介绍。

监督学习的目的是从给定的大量数据中估计输入和输出之间的潜在关系，并预测新输入数据的输出。scikit-learn 还内置了进行机器学习时常用的数据集。这里使用一种名为 iris 的数据集，其中的数据记录了鸢尾花的长度和宽度，花瓣的长度和宽度以及鸢尾花的品种，接下来将通过机器学习来预测鸢尾花的种类。

首先读取数据集，见清单 1.5。

清单 1.5　读取数据集

In

```
from sklearn import datasets

iris = datasets.load_iris()
```

In

```
iris.data[:10]
```

Out

```
array([[5.1, 3.5, 1.4, 0.2],
       [4.9, 3. , 1.4, 0.2],
       [4.7, 3.2, 1.3, 0.2],
       [4.6, 3.1, 1.5, 0.2],
       [5. , 3.6, 1.4, 0.2],
       [5.4, 3.9, 1.7, 0.4],
       [4.6, 3.4, 1.4, 0.3],
       [5. , 3.4, 1.5, 0.2],
       [4.4, 2.9, 1.4, 0.2],
       [4.9, 3.1, 1.5, 0.1]])
```

In

```
iris.target
```

Out

```
array([0, 0, 0, 0, 0, 0, 0, 0, 0, 0, 0, 0, 0, 0, 0, 0, ➡
0, 0, 0, 0, 0, 0,
       0, 0, 0, 0, 0, 0, 0, 0, 0, 0, 0, 0, 0, 0, 0, 0, ➡
0, 0, 0, 0, 0, 0,
       0, 0, 0, 0, 0, 0, 1, 1, 1, 1, 1, 1, 1, 1, 1, 1, ➡
1, 1, 1, 1, 1, 1,
       1, 1, 1, 1, 1, 1, 1, 1, 1, 1, 1, 1, 1, 1, 1, 1, ➡
1, 1, 1, 1, 1, 1,
       1, 1, 1, 1, 1, 1, 1, 1, 1, 1, 1, 1, 2, 2, 2, 2, ➡
2, 2, 2, 2, 2, 2,
       2, 2, 2, 2, 2, 2, 2, 2, 2, 2, 2, 2, 2, 2, 2, 2, ➡
2, 2, 2, 2, 2, 2,
       2, 2, 2, 2, 2, 2, 2, 2, 2, 2, 2, 2, 2, 2, 2, 2, ➡
2, 2])
```

测量的花瓣等数据存储在 data 中，对应的花的品种标签存储在 target 中。

任何数据集都以这样的格式存储。scikit-learn 还内置了其他数据集，这在实际运行算法时非常有用。

接下来使用这些数据集来学习 SVM（见清单 1.6）。

清单 1.6　使用数据集学习 SVM

In

```
from sklearn import svm

clf = svm.SVC()
clf.fit(iris.data[:-1], iris.target[:-1])
```

Out

```
SVC(C=1.0, cache_size=200, class_weight=None, coef0=➡
0.0,
      decision_function_shape='ovr', degree=3, gamma=➡
'auto', kernel='rbf',
    max_iter=-1, probability=False, random_state=None, ➡
shrinking=True,
    tol=0.001, verbose=False)
```

使用 fit 函数开始学习过程，监督学习中 fit 函数接收输入数据和输出数据的参数。

用于学习的训练数据集和用于预测的测试数据集需要合理划分。这里为了介绍使用方法，仅将数组的最后一条数据用于预测，其他数据用于学习（见清单 1.7）。

清单 1.7 使用 fit 函数学习

In

```
clf.predict(iris.data[-1:]), iris.target[-1:]
```

Out

```
(array([2]), array([2]))
```

使用 predict 函数进行预测。运行结果显示，predict 函数的预测输出和样本标签相同，因此模型预测准确。

这就是用 scikit-learn 进行预测的方法。

scikit-learn 实现了多种算法，大多都可以使用像上述示例一样的设置训练预测过程机制来实现这些算法。

本书中涉及的机器学习算法几乎全部使用 scikit-learn 实现。

1.4.3 matplotlib 的安装和使用

本小节将介绍用于绘制图表的 matplotlib。

将之前的 Jupyter Notebook 和下一小节将介绍的 Pandas 结合在一起，可以非常方便地实现数据的可视化。

如前所述，matplotlib 也使用 pip 命令进行安装。

终端

```
(env) $ pip install matplotlib
```

要查看使用 matplotlib 在 Jupyter Notebook 中绘制的结果，请执行清单 1.8 的命令。

清单 1.8 查看 matplotlib 在 Jupyter Notebook 中绘制的结果

In

```
%matplotlib inline
```

首先绘制一下 sin 函数曲线（见清单 1.9）。sin 函数曲线图如图 1.11 所示。

清单 1.9 绘制 sin 函数曲线

In

```
import numpy
from matplotlib import pyplot

x = numpy.arange(-5, 5, 0.1)
y = numpy.sin(x)
```

In

```
x[:10], y[:10]
```

Out

```
(array([-5. , -4.9, -4.8, -4.7, -4.6, -4.5, -4.4, ➡
-4.3, -4.2, -4.1]),
 array([0.95892427, 0.98245261, 0.99616461, 0.99992326, ➡
0.993691  ,
        0.97753012, 0.95160207, 0.91616594, 0.87157577, ➡
0.81827711]))
```

In

```
pyplot.plot(x, y)
```

Out

```
[<matplotlib.lines.Line2D at 0x113fb0320>]
#参见图1.11
```

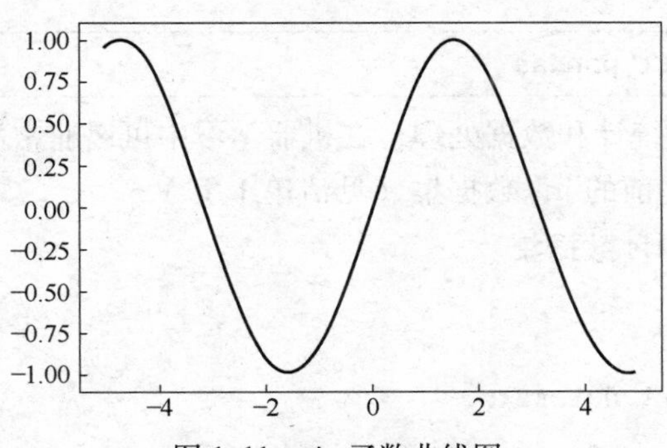

图 1. 11　sin 函数曲线图

使用 plot 函数绘制图 1. 11 所示的 sin 函数曲线。

可绘制的图表类型多种多样。例如传入“o”参数，则将使用圆点绘制曲线（见清单 1. 10 和图 1. 12）。

清单 1. 10　绘制图表

In

```
pyplot.plot(x, y, "o")
```

Out

```
[<matplotlib.lines.Line2D at 0x11403f630>]
#参见图1.12
```

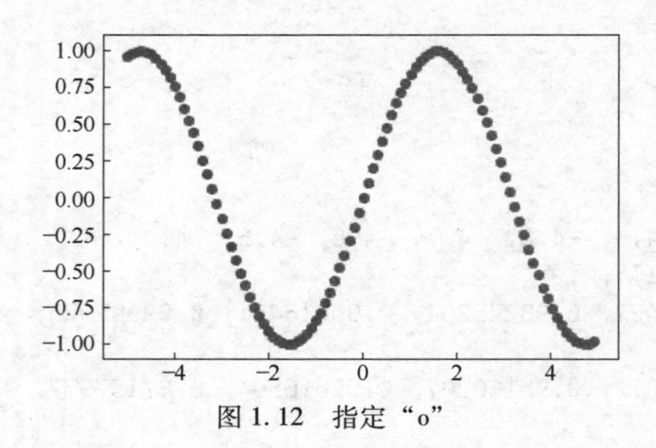

图 1.12　指定“o”

使用 matplotlib 和 Pandas 的组合可以更加方便地实现数据的可视化。

下一小节将尝试 iris 数据集的可视化。

1.4.4　Pandas 的安装和使用

本小节将简单介绍 Pandas 的安装和 Pandas 的用途。

Pandas 也同样使用 pip 命令进行安装。

终端

```
(env) $ pip install pandas
```

Pandas 非常适合数据统计和数据处理，在机器学习中可以非常高效地进行数据预处理。

首先用 Pandas 读取之前的 iris 数据集（见清单 1.11）。

清单 1.11　Pandas 读取 iris 数据集

In

```
import pandas
from sklearn import datasets


iris = datasets.load_iris()
iris_df = pandas.DataFrame(iris.data, columns=iris.➡
feature_names)

iris_df.head()
```

Out

	sepal length (cm)	sepal width (cm)	petal length (cm)	petal width (cm)
0	5.1	3.5	1.4	0.2
1	4.9	3.0	1.4	0.2
2	4.7	3.2	1.3	0.2
3	4.6	3.1	1.5	0.2
4	5.0	3.6	1.4	0.2

Pandas 以数据帧的格式表示数据。数据帧的格式有多种功能，有助于数据的统计和可视化。

首先，在本小节中介绍数据的整合。describe 方法可以输出各列的平均值、最大值、最小值等整合值，有助于大致掌握数据的统计特性（见清单 1.12）。

清单 1.12　各列的平均值、最大值、最小值

In

```
iris_df.describe()
```

Out

	sepal length (cm)	sepal width (cm)	petal length (cm)	petal width (cm)
count	150.000000	150.000000	150.000000	150.000000
mean	5.843333	3.054000	3.758667	1.198667
std	0.828066	0.433594	1.764420	0.763161
min	4.300000	2.000000	1.000000	0.100000
25%	5.100000	2.800000	1.600000	0.300000
50%	5.800000	3.000000	4.350000	1.300000
75%	6.400000	3.300000	5.100000	1.800000
max	7.900000	4.400000	6.900000	2.500000

sort_values 方法可以在指定的列中排序数据（见清单 1.13）。

清单 1.13　在指定的列中排序数据

In

```
iris_df.sort_values('sepal length (cm)').head()
```

Out

	sepal length (cm)	sepal width (cm)	petal length(cm)	petal width (cm)
13	4.3	3.0	1.1	0.1
42	4.4	3.2	1.3	0.2
38	4.4	3.0	1.3	0.2
8	4.4	2.9	1.4	0.2
41	4.5	2.3	1.3	0.3

In

```
iris_df['sepal total length (cm)'] = iris_df['sepal ➡
length (cm)'] + iris_df['sepal width (cm)']
```

In

```
iris_df['sepal total length (cm)'].head()
```

Out

```
0    8.6
1    7.9
2    7.9
3    7.7
4    8.6
Name: sepal total length (cm), dtype: float64
```

可以将列名作为关键字传入来访问各列的值，也可以进行列之间的运算。

多种类似的功能函数，对数据的整合和处理非常有用。

还可以配合 matplotlib 的功能实现可视化（见清单 1.14）。可视化如图 1.13 所示。

清单 1.14　可视化

In

```
iris_df.plot(x='sepal length (cm)', y='sepal width ➡
(cm)', kind='scatter')
```

Out

```
<matplotlib.axes._subplots.AxesSubplot at 0x116bf6e80>
#参见图1.13
```

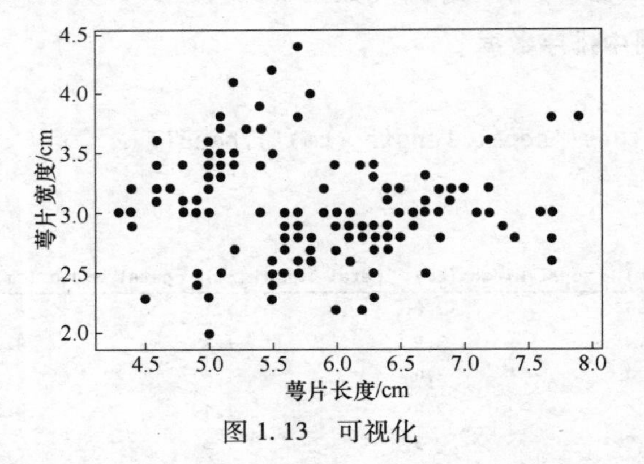

图 1.13　可视化

也可以轻松绘制直方图等图表（见清单 1.15）。直方图如图 1.14 所示。

清单 1.15　绘制直方图

In

```
iris_df['sepal length (cm)'].hist()
```

Out

```
<matplotlib.axes._subplots.AxesSubplot at 0x116c09320>
#参见图1.14
```

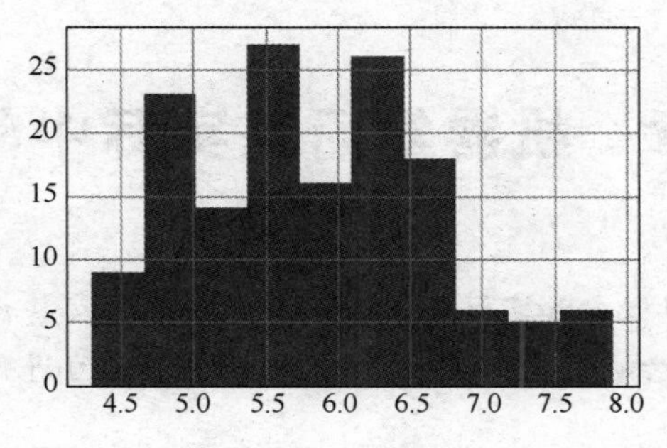

图 1.14　直方图

第 2 章 机器学习在实际中的使用

本章中，将对机器学习概要和实际应用案例与代码进行交替讲解。

本章将尽可能不使用数式，仅用概念和源代码对机器学习进行解说。

2.1 在工作中运用机器学习

工作中使用机器学习的时候，最重要的是明晰课题，使其公式化。本章中，将举例介绍机器学习可以解决的课题。

2.1.1 关于机器学习

近年来，伴随着数据处理技术和计算机处理能力的发展以及可以利用数据的增加，“AI”“人工智能”等术语也逐渐为大众所熟知。因此，除了技术人员和研究人员之外，也经常听到很多从事经营职位和其他非技术职位的工作人员有“想要使用 AI”这样的期望。作者也与人工智能以及周边技术无关的从业者进行过交流，这些人都有想用人工智能尝试有趣的事情这样的切身体会。然而，这样一来，以人工智能（或机器学习）导入为目的的情况比较多，而缺乏以人工智能（或机器学习）为手段的角度。此外，只要数据齐全，只需汇总即可，或者通过 A/B 测试等比较就能解决问题，或者根本就无法解决的问题也随处可见。在本章所介绍的机器学习中，只能对人工公式化的输入进行公式化的输出。

2.1.2 输入输出的格式化

首先，如图 2.1 所示，需要想象要解决的问题是“输入什么”和“输出什么”。对输入的数据进行处理（计算）并给出任意输出的函数称为模型。如果是股价预测的问题，输入“当前时间之前的股价在时间序列中的推移”，输出“特定日期的股价”就可以了。如果目的是“想通过 AI 赚钱”，那么股价预测可能就足够了。如果输入复杂，得到的输出就准确，有了人情味，人们就会感受到系统的“智能”和“知性”。

再者，机器学习是解决问题的手段，确定和公式化要解决的问题和方法是非常重要的。

在本章中，笔者希望在进入机器学习理论之前，给出一些实际可能发生的问题的例子，以帮助理解接下来的理论。

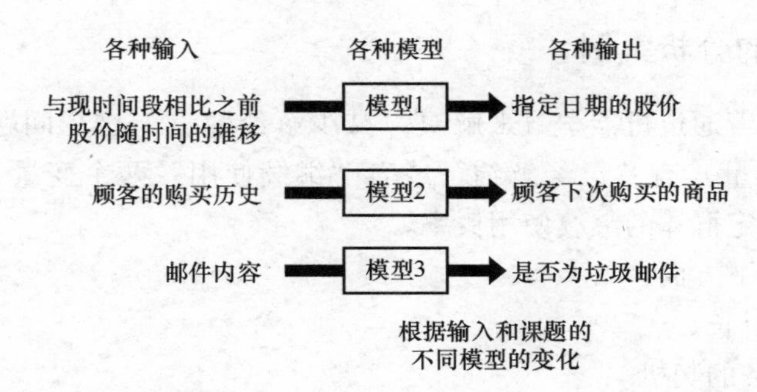

图 2.1　各种输入、模型和输出

2.1.3　分析任务的本质

接下来，将从商务的场合来考虑机器学习的应用。

例如，为了实现某个服务销量的最大化，设定“想要增加付费会员的数量”这个问题，并思考如何用机器学习来解决。首先，没有任何制约条件而只是想要增加付费会员的话，大量投广告等方法也许就能解决问题。“想要通过提高服务质量增加付费会员的数量（不投资广告费）”这样的想法虽然很好，但是“服务质量”这样的抽象问题，不适合用现代的机器学习直接解决。

因此，假如能够把课题设定为“通过减少解约的数量来增加付费会员的数量”的话，在一定程度上这个问题就涉及机器学习可能解决的领域（见图 2.2）。这种情况就转变成要改善“每月（或者每周）的解约数量”的指标，人们把这个指标称为 KPI。对于分解课题的方法，可以参考《从问题开始——知识输出的“本质”》(安宅和人著，英治出版，2010 年 11 月）等商务书籍。

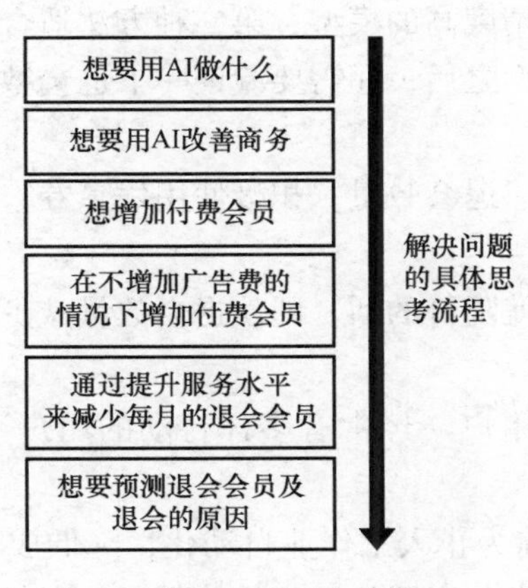

图 2.2　找出问题

2.1.4　实际问题的分析案例

接下来，将尝试着通过机器学习来解决“减少解约数量”这个问题。首先，基于过去会员的行为（说明变量）有“已经解约”或者“继续使用”两个变量（目的变量），换句话说就是制作预测特定群体的继续使用概率。

说明变量考虑以下方面：

1）会员的利用时长。

2）会员知晓服务的契机。

3）会员做出特定行动的次数。

这里需要注意的地方是，假如遇到数据很少、利用服务的时间较短、开始使用服务的途径较少的情况，单纯地收集数据就能得到明确的结果，机器学习也不是必要的。

例如在表 2.1 中可以明确判断情况 B 的退会率更低（需要注意的是人数增加情况可能发生变化）。

表 2.1　不同途径的退会率（仅通过收集数据就得出差距的情况）

	获得用户	退会用户	退会率
行动 A	1000	100	10%
行动 B	700	35	5%

此外，在使用机器学习解决问题的情况下，方法的选择也因引入机器学习后的行动而异，具体有以下两种方法：

1）面向预测出可能退会会员的行动。

2）改善退会前的特定行动。

第一种方法适合选择预测精度高的模型，第二种方法适合使用决策树和逻辑回归等解释性高的模型。构建了实际的模型之后，还需要验证一下退会数量是否在减少。具体预测退会率的方法将在下一节说明。

需要注意的是，如果只关注退会数量，积极使用优惠券，以及购买打折商品的次数，那么效果会更好。

这种情况下，如果一开始就降价的话，即使退会数量减少，也有可能给销售量带来负面的影响。

而对于本来活跃度很高的用户（经常有多样行动的用户）则很难退会，服务端很难采取行动，这一点需要注意。

除此之外，“想要实现目前为止人工作业自动化，降低成本”也是机器学习可以解决的课题。通过有监督学习进行分类，实现垃圾邮件的判断等资料分类、产品异常值判断等，将在接下来的章节进行介绍。

另外，预测用户是否会单击互联网广告，也会用到有监督学习。根据用户问卷对用户进行分组的时候，使用无监督学习对回答问卷的用户进行聚类分组，根据想要解决的问题选择更合适的方法。

本章就对 Web 服务中机器学习的实际案例进行解说。

参考文献

请参考以下书籍。

- 『Lean Analytics: Use Data to Build a Better Startup Faster』
  (Alistair Croll, Benjamin Yoskovitz, O'Reilly Media, March 2013)
- 『Data-Driven Metric Development for Online Controlled Experiments: Seven Lessons Learned』
  (Xiaolin Shi*, Yahoo Labs; Alex Deng, Microsoft KDD '16)
- 『从问题开始——知识输出的“本质”』
  (安宅和人著、英治出版、2010年11月)

2.2　用样本数据尝试有监督学习

本节将尝试使用 scikit-learn 近似描述上节定义的分类问题。

2.2.1　尝试分类的案例

第 1 章中介绍了几种安装的 scikit-learn 样本。

对于“过去会员的行动（说明变量）”有“已经解约”和“继续使用”两个值（目的变量），接下来以“预测特定群体继续使用概率的模型制作”来思考这个问题。这个问题中，只要有标记正确答案和错误答案（即“已经解约”“继续使用”）的数据，就可以用“有监督学习”解决。

然而，设定的课题不同，例如“只需提高预测准确性”“有必要说明解释某些原因”等，最终的目的是不一样的。因此，在选择模型的时候有必要留意这些课题的目的。在这次的例子中，主要以“改善解约前的特定行动”为目的来思考这个课题。

下面使用 sklearn. datasets 中的 load_breast_cancer（乳腺癌的判定）的数据，列举一个关于二值分类的例子。

- **sklearn.datasets.load_breast_cancer**
  URL http://scikit-learn.org/stable/modules/generated/sklearn.datasets.load_breast_cancer.html#sklearn.datasets.load_breast_cancer

sklearn. datasets 的 load_breast_cancer 的数据储存了特征值，见清单 2. 1。

数据的样本数有 569 个，特征量由 30 维的向量组成。

清单 2.1 sklearn. datasets. load_breast_cancer

In

```
from sklearn.datasets import load_breast_cancer
import pandas as pd
sample = load_breast_cancer()
print('sample的数量: {}'.format(len(sample.data)))
print('sample的内容: {}'.format(sample.data[0]))
print('各sample特征值的数量: {}'.format(len(sample.➡
data[0])))
```

Out

```
sample的数量: 569
sample的内容: [1.799e+01 1.038e+01 1.228e+02 1.001e+03 ➡
1.184e-01 2.776e-01 3.001e-01
 1.471e-01 2.419e-01 7.871e-02 1.095e+00 9.053e-01 ➡
8.589e+00 1.534e+02
 6.399e-03 4.904e-02 5.373e-02 1.587e-02 3.003e-02 ➡
6.193e-03 2.538e+01
 1.733e+01 1.846e+02 2.019e+03 1.622e-01 6.656e-01 ➡
7.119e-01 2.654e-01
 4.601e-01 1.189e-01]
各sample特征值的数量: 30
```

各个样本的分类结果（阳性表示为 1，阴性表示为 0）储存在 target 中，与样本数目一致（见清单 2.2）。

清单 2.2 分类结果

In

```
print('target的数量: {}'.format(len(sample.target)))
print('target的内容: {}'.format(sample.target[0:30]))
```

Out

```
target的数量: 569
target的内容: [0 0 0 0 0 0 0 0 0 0 0 0 0 0 0 0 0 0 0 1 1 ➡
1 0 0 0 0 0 0 0 0]
```

应用于实际的模型时，大致和以下的例子相同：

1）sample 的特征量=获取的诸如性别、用户的特定操作等数据。

2）target 的分类结果=是否会退会。

接下来尝试用 SVM（支持向量机）解决分类问题。

SVM 将会在第 3 章进行详细的解说，在这里首先试着运行下面的代码（见清单 2.3）。

● sklearn.svm.SVC
URL http://scikit-learn.org/stable/modules/generated/sklearn.svm.SVC.html

清单 2.3　sklearn.svm.SVC 的运行

In

```
from sklearn.svm import SVC
clf = SVC(kernel='linear')

x = sample.data
y = sample.target

from sklearn.model_selection import ShuffleSplit
ss = ShuffleSplit(n_splits=1, random_state=0, ➡
test_size=0.5, train_size=0.5)
train_index, test_index = next(ss.split(x))
x_train = x[train_index]
y_train = y[train_index] # 学习用回答
x_test  = x[test_index]  # 测试用数据
y_test  = y[test_index]  # 测试用回答

clf.fit(x_train, y_train)

clf.score(x_test, y_test)
```

Out

```
0.9578947368421052
```

分类达到了 95.8%的精度（如果读者朋友需要用于发表或者报告中，请四舍五入保留有效数字后使用）。精度采用平均正确率（对于模型的评价方法各个课题略有不同）。

这次的课题为“改善解约前的特殊操作”，需要对结果进行解释。然而，前例中实际安装的 SVM 用于结果的解释有一定的难度。

2.2.2　运用决策树分类

接下来将尝试用决策树解决分类问题（见清单 2.4）。

清单 2.4　用决策树运行

In

```
from sklearn.tree import DecisionTreeClassifier
clf = DecisionTreeClassifier(max_depth=3)
```

```
clf = clf.fit(x_train, y_train)

from sklearn.metrics import accuracy_score
predicted = clf.predict(x_test)
score = accuracy_score(predicted, y_test)

score
```

Out

```
0.9263157894736842
```

分类达到了 92.6%的精度。精度虽然不如 SVM，但是正如决策树这个名字一样，可以通过树的构造实现分类过程的可视化。可视化需要用到叫作 graphviz 的库（见清单 2.5）。此外，在运行清单 2.5 之前，请通过 brew 命令自行安装 graphviz。

```
(env) $ brew install graphviz
```

- sklearn.tree.export_graphviz
  URL http://scikit-learn.org/stable/modules/generated/sklearn.tree.export_graphviz.html

清单 2.5　可视化

In

```
from sklearn import tree
import pydotplus
tree.export_graphviz(clf, out_file='tree.dot')
```

可视化使得原因的说明变得容易。

通过以上的例子可知，使用决策树可以使对结果的解释变得简单易懂，而使用 SVM 则使解释变得复杂。

精度足够高，就可以考虑向预测出可能会脱离使用的用户赠送优惠券等措施。

而且，对于通过决策树预测出的由于特殊操作较少而容易脱离使用的用户，也可以考虑引入能够促使用户操作的教程引导。

接下来用清单 2.6 中的命令来创建图像。图 2.3 所示为决策树可视化的例子，将在 jupyter notebook 文件所在的目录中生成。

清单 2.6　可视化命令

In

```
!dot -Tpng tree.dot -o tree.png
```

可以看到，可视化之后的图 2.3 最上方的数据是 X[27]（见清单 2.7）。

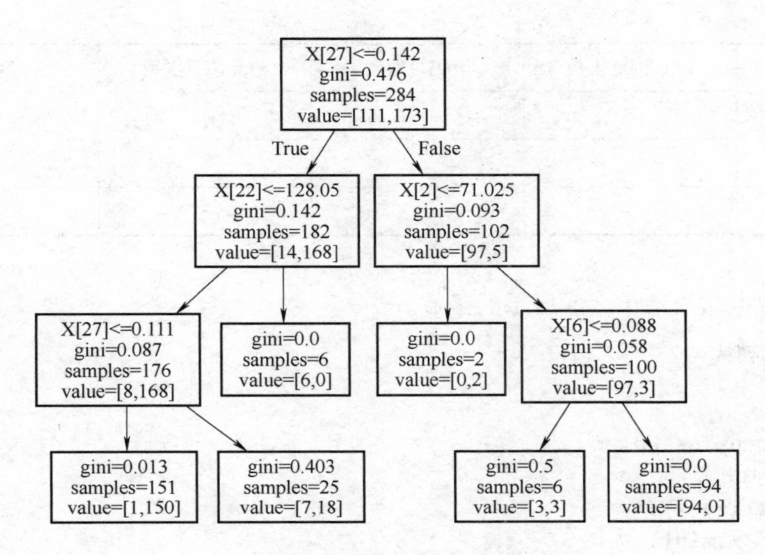

图 2.3　决策树可视化的例子

清单 2.7　数据的读取

In

```
sample.feature_names[27]
```

Out

```
'worst concave points'
```

像这样把分支可视化，解释说明就会变得简单明了。

2.2.3　尝试解决实际问题

接下来将介绍更具体的数据集。

假设特定的网站上有像表 2.2 一样的数据。尝试像上一小节一样用决策树解决问题。为了方便起见，使用了 sklearn.datasets 中的 load_breast_cancer 的编排数据。

表 2.2　数据集

用户 ID	FAQ 浏览次数	页码跳转数	商品浏览次数	继续或离开
1	2	0	2	true
2	5	4	4	false
3	8	1	5	false

（续）

用户 ID	FAQ 浏览次数	页码跳转数	商品浏览次数	继续或离开
·	·	·	·	
·	·	·	·	
500	3	1	3	true

接下来把数据做成清单 2.8 所示的函数。

清单 2.8　数据列表

In

```
import numpy as np
# 虚拟数据的生成
def normalize(x):
    min = x.min()
    max = x.max()

    result = (10 * (x-min)/(max-min)).astype(np.int64)
    return result
dummy_x = x[:, [0, 6, 27]]
dummy_y = y
dummy_x[:,0] = normalize(dummy_x[:,0])
dummy_x[:,1] = normalize(dummy_x[:,1])
dummy_x[:,2] = normalize(dummy_x[:,2])

from sklearn.model_selection import ShuffleSplit
from sklearn.tree import DecisionTreeClassifier
from sklearn.metrics import accuracy_score

ss = ShuffleSplit(n_splits=1, random_state=0, ➡
test_size=0.5, train_size=0.5)
train_index, test_index = next(ss.split(dummy_x))
x_train = dummy_x[train_index] #学习用数据
y_train = dummy_y[train_index] #学习用回答
x_test  = dummy_x[test_index]  #测试用数据
y_test  = dummy_y[test_index]  #测试用回答

clf = DecisionTreeClassifier(max_depth=3)
clf = clf.fit(x_train, y_train)
predicted = clf.predict(x_test)
score = accuracy_score(predicted, y_test)
```

```
from sklearn import tree
import pydotplus
tree.export_graphviz(clf, out_file='dummy_tree.dot')

score
```

Out

```
0.9228070175438596
```

精度达到 92.3%的程度。可视化命令见清单 2.9，决策树可视化示例如图 2.4 所示。

清单 2.9　可视化命令

In

```
!dot -Tpng dummy_tree.dot -o dummy_tree.png
```

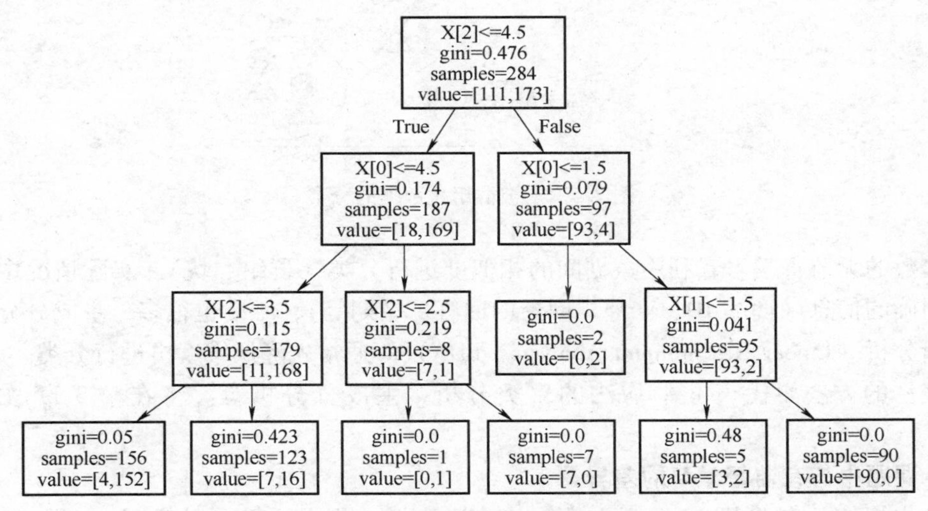

图 2.4　决策树可视化示例

由图 2.4 可以看出，X[2] 的商品浏览次数增多（5 以上）的话则不容易退会。

2.2.4　解决实际问题的注意要点

使用分类模型解释数据，充其量是对获取数据的验证。应用在实际问题的时候，调查有无其他潜在的变量，以及在线上使用 A/B 测试确认有无实际效果，都是很必要的。

2.3　用样本数据尝试无监督学习

本节将讲述“通过无监督学习把用户做聚类分析，从而把握用户问卷中分组”的案例。

2.3.1　无监督学习

无监督学习和 2.2 节介绍的“有监督学习”不同，其没有正确答案且通常用图案标记。

例如，上述所分析的关于“用户问卷中需要哪些分组”的问题。像 2.2 节中介绍的利用有监督学习分析用户，需要给代表性的用户（登录频繁、经常评论等）做“人工”标记。

然而，数据繁多的情况（见图 2.5），则要求相当多的工作量（虽然也有 cloud 的方法），人工操作也会存在一定的误差。因此，无监督学习就出场了。通过机械地提取数据的特征，消除了偏差，使人们的工作更加轻松。

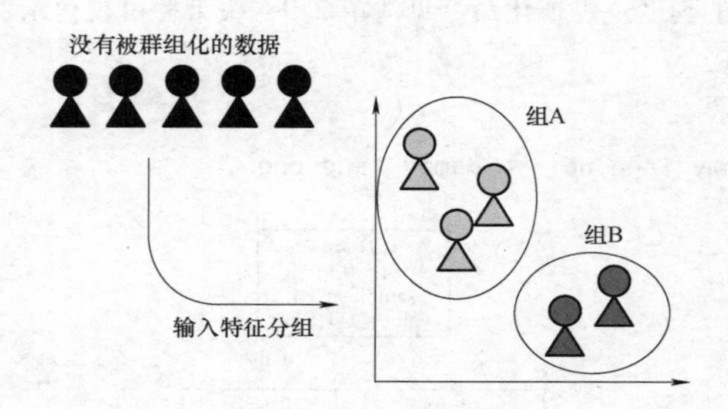

图 2.5　未被群组化数据的分类

大多数的无监督学习，利用数据间的相似度进行分类（群组、块）。实际情况中，很多数据有明确的信息（商品 ID、产地、问卷的回答、星期等），维度也很多，主成分分析或者线性判断分析（Linear Discriminant Analysis，LDA）等通常先降低维度再进行分类。

代表性的方法如代表 k-平均法的聚类分析、主成分分析等。将在第 3 章做详细的介绍。

实际课题中与有监督学习的差异

与事先标记的有监督学习不同，无监督学习中结果的解释也很重要。在有监督学习中，考虑模型的精度或者模型变量的重叠就够了，而无监督学习中，重要的是对结果的解释。需要在使用输入的数据进行说明，使用聚类的人数、组合其他数据提出假设等方面花费工夫。

2.3.2　使用样本尝试 scikit-learn

本小节将使用样本数据运行无监督学习分类代码。

测试数据的生成

在解决实际问题时，无监督学习和有监督学习一样，需要把收集的数据向量化作为输入数据（需要注意的是，现实中收集的数据，从气温等的数值数据，到商品名等的明确数据，再到刊登顺序等的顺序标准等包含各种数据。具体会在第 4 章中进行介绍。)

输入数据的整理方法也会在第 4 章进行详细的讲解。

在这里，将使用 sklearn. datasets 的样本 make_blobs 作为测试数据。

● **sklearn.datasets.make_blobs**

URL http://scikit-learn.org/stable/modules/generated/sklearn.datasets.make_blobs.html

这里生成样本的参数按清单 2. 10 设定。

为了可视化时简单易懂，使用含有两种特征量的样本。

清单 2. 10　样本的参数

```
make_blobs(
    n_samples=1000,
    centers=5,
    n_features=2,
    random_state=0
)
```

清单 2. 10 中的各个要素如下所示：

1）n_samples：1000　样本数据的数量。

2）centers：5　组中心的数量（实际数据是未知的，由分析者决定分为几组）。

3）n_features：2　特征值的数量（实际数据中向量化后的特征。包含用户的年龄及操作次数等）。

4）random_state：0　生成样本数据时的随机种子。这个样本可以不用太在意。

make_blobs 的返回值有两个。X 是样本的特征量，有 n_features 个特征值，n_samples 长度的序列（n_samples×n_features 的矩阵），输出 y 显示的是指定 centers 的第几位。

如清单 2. 11 所示，可以写作

X，y = hogehoge

注意，当值是矩阵时，scikit-learn 通常使用大写字母变量名。

清单 2. 11　绘制表格

In

```
# 在jupyter notebook中绘制表格
%matplotlib inline
import numpy as np
import matplotlib.pyplot as plt

from sklearn.datasets import make_blobs

# 请参阅http://scikit-learn.org/stable/modules/generated/➡
sklearn.datasets.make_blobs.html
```

```
X, y = make_blobs(n_samples=1000,
                  centers=5,
                  n_features=2,
                  random_state=0)     ❶

# 为了便于理解，在[0，100]的范围内进行正则化
def normalize(x):
    min = x.min()
    max = x.max()
    result = (100 * (x-min)/(max-min)).astype(np.int64)
    return result

X = normalize(X[:, ])
```

print 函数输出 X，可以得到包含 n_features 个特征值，长度为 n_samples 的矩阵（n_samples×n_features 的矩阵）。输出见清单 2.12。

清单 2.12　输出

In

```
print('X shape: {}'.format(X.shape))
print('X: {}'.format(X))
```

Out

```
X shape: (1000, 2)
X: [[22 79]
 [21 46]
 [44 39]
 ...
 [21 44]
 [16 68]
 [91  4]]
```

接下来具体看一下表 2.3 中，统计一年内社交平台（SNS）用户操作记录的例子。

表 2.3　一年内社交平台（SNS）用户操作记录的统计

用户 ID	帖子数	浏览其他用户帖子数
1	22	79
2	21	46
3	44	39
	·	·

（续）

用户 ID	帖子数	浏览其他用户帖子数
	·	·
1000	91	4

为了使用表 2. 3 的数据找出用户趋势，接下来尝试一下聚类。

使用聚类代表的 k-平均法，对刚刚生成的 X 进行分类。

尝试使用清单 2. 13 的参数。

清单 2. 13　运行

```
KMeans(
    n_clusters=2,
    random_state=0
)
```

清单 2. 13 的各个要素如下所示：

1）n_clusters：2　分类数（样本数据是 5，由于分析者不知道参数，这个例子中设定分类数为 2）。

2）random_state：0　生成样本数据时的随机种子。本次样本可以不用在意。

样本数据生成时虽然使用的是 random_state，但是由于 k-平均法的结果依赖于初始值，因此在实际使用的时候需要注意。绘制散点图见清单 2. 14，散点图的绘制结果如图 2. 6 所示。

清单 2. 14　绘制散点图

In

```
from sklearn.cluster import KMeans

y_pred = KMeans(n_clusters=2, random_state=0).➡
fit_predict(X)

# 在散点图中绘制结果
plt.scatter(X[:, 0], X[:, 1], c=y_pred)
```

Out

```
<matplotlib.collections.PathCollection at 0x25dc74955c0>
#参见图2.6
```

本应分为 5 个组，实际上分了 2 个组。

分为浏览次数比发表次数多的用户和浏览次数比发表次数少的用户。

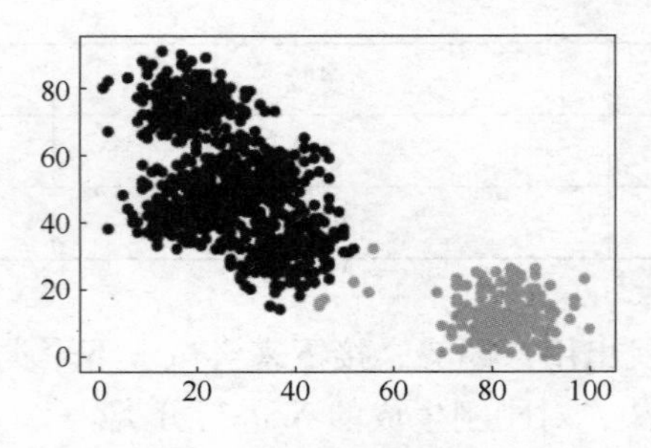

图 2.6　散点图的绘制结果

表 2.3 中例子的分类结果见清单 2.15。

清单 2.15　分类结果

In

```
print(y_pred[0:3])
print(y_pred[999])
```

Out

```
[0 0 0]
1
```

ID 为 1~3 的用户被标记为“0”，ID 为 1000 的用户被标记为“1”。“0”可以解释为投稿用户，“1”可以解释为浏览用户。

可以通过聚类自动添加标签，这是人眼可以看到的。

再来看看每个组分配的人数（见清单 2.16）。

清单 2.16　显示标签

In

```
print('标签为0的人数：{}'.format(len(np.where(y_pred==1)➡
[0])))
print('标签为1的人数：{}'.format(len(np.where(y_pred==0)➡
[0])))
```

Out

```
标签为0的人数：206
标签为1的人数：794
```

由于样本是以二维特征进行分类的，因此分组是人眼可见的（见表 2.4），但聚类将变得更有效，因为维度越大，人力分类就越困难。此外，由于 k-平均法使用距离进行分类，因此对数据进行整形并生成特征值也很重要。相关详细内容将在第 4 章中进行介绍。

表 2.4　分类结果

用户 ID	帖子数	浏览其他用户帖子数	分类结果
1	22	79	0
2	21	46	0
3	44	39	0
.	.	.	.
.	.	.	.
1000	91	4	1

在清单 2.10 中，假设 centers=5，并创建了一个具有 5 个中心的组，但由于在现实世界中没有预先确定的模式，因此最好根据分析时的假设来设置一个数字。

为了便于参考，清单 2.17 展示了分割成 5 组的代码。分割成 5 组的结果如图 2.7 所示。

清单 2.17　分割成 5 组的代码

In

```
y_pred = KMeans(n_clusters=5, random_state=0).➡
fit_predict(X)

plt.scatter(X[:, 0], X[:, 1], c=y_pred)
```

Out

```
<matplotlib.collections.PathCollection at 0x25dc7529be0>
#参见图2.7
```

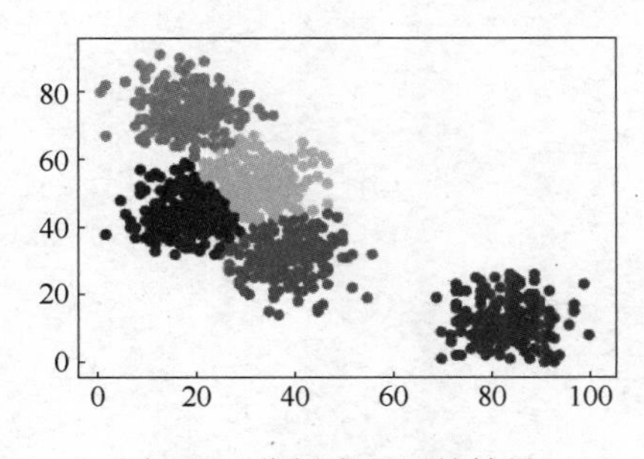

图 2.7　分割成 5 组的结果

请读者一定要自己调整参数试试。

另外这里介绍的算法，作者进行了可视化，供大家参考。

● **Visualization of K-means**

URL http://bl.ocks.org/keisuke-osone/099f07d2b967b4e29aef

2.4 小结

本节对本章做个总结。

本章对机器学习的概要简述和实际应用进行了代码和实例的说明，也是本书的导读部分。

使用诸如 scikit-learn 这样的库，短短数行代码即可实现完整的程序。

通过本章示例，读者应该对“在特定的问题上使用机器学习”有了一定的想法。但在实际工作中使用机器学习，同时“用机器学习解决现实的课题”，还有一些需要注意的点。

1）合理选择符合问题设定及数据特性的方案。

2）收集数据。

3）数据预处理。

为了合理选择符合问题设定及数据特性的方案，读者有必要加深对机器学习解决问题的理解，也包括理解机器学习所需的数学原理。在第 3 章中，将介绍几种具有代表性的方案。

第3章　机器学习基础理论

在本章中，将主要讲述机器学习算法的理论方面，这些算法可以通过 scikit-learn 来实现，并且在实际工作中经常使用。

现实世界中解决问题的时候，选择使用的算法和方法并不是一件容易的事情。理解“都有什么样的算法，这些算法各自有什么特点、有什么原理”并不只是为了做选择，对之后的分析也能起到非常好的启发作用。

另外，充分地理解“什么是机器学习”“什么是有监督学习”“什么是无监督学习”“机器学习的目的是什么”在实际分析和学习中遇到困难时非常有帮助。例如，此时可以回到“自身面对的问题中，数理问题的设定是否奇怪”这样本质性的疑问中。

因此，本章将围绕以下目标进行学习：

1）学习理解机器学习算法所需最基本的数学知识。

2）对机器学习的世界做一个数理性的梳理。

3）理解无监督学习和有监督学习算法的区别。

4）通过数学公式理解基本算法，并了解其特点。

5）学习如何使用公式。

踏入机器学习的理论世界时，不可避免的就是数学。几乎所有算法都是用数学做基础，虽然不至于用到高等数学，但线性代数和微积分的知识却是必要的。而这些恰恰成为近来掀起的人工智能热中，对机器学习理论感兴趣的初学者学习的障碍。作者认为机器学习深深地扎根于数学和计算机科学中，是一门有着悠久历史的学问，当然也不是一朝一夕就能完全掌握的。

本章介绍的算法，只不过是广阔机器学习领域中的一小部分。但是作者坚信，只要理解了这些算法，后边对自学钻研难度更高的书籍和论文，以及实际工作中的应用都会有所帮助。

3.1　数学知识的准备

本节将讲解各类算法的理论学习中所需的数学基础知识。以下内容需要读者掌握高中理科数学知识，请各位读者根据情况提前复习。

3.1.1　本节的学习流程

首先将从“为什么数学是必要的”开始讨论，慢慢地引入以下内容：

1）集合与函数。

2）线性代数。

3）微分。

4）概率统计。

也许这些内容会有些难度，但是请大家牢记这些是学习机器学习理论不可或缺的知识并且认真学习。

此外，“机器学习理论必要的”或者说是“机器学习研究必要的”数学是非常广泛的范围，不是一本技术书籍所能涵盖的。因此，这里学习的数学知识虽然是机器学习理论中不可缺少的内容，但是不一定能保证其严密性。如果对超出本书的内容感兴趣的话，推荐阅读以下书籍。

- 『Understanding Machine Learning: From Theory to Algorithms』(Shai Shalev-Shwartz、Shai Ben-David、Cambridge University Press、2014)
- 『The Elements of Statistical Learning Data Mining, Inference, and Prediction, Second Edition』(Trevor Hastie、Robert Tibshirani、Jerome Friedmani, New York: Springer series in statistics, 2001)

3.1.2　为什么数学是必要的

“明明学习的是机器学习，为什么有点难度的数学却是必要的呢”，有这样想法的读者应该会很多吧。“本来是想要学习机器学习的，又不懂大学数学，看到全都是很难的公式就放弃了”，这样想的读者估计也不在少数。前面章节提到过，机器学习中用的数学只是初级数学，并不是很难掌握的东西。

既然如此，那么为什么对于机器学习来说，数学是如此必要呢？

现在，主流研究的机器学习领域又被称作统计机器学习，它的基础隐藏着数理统计学。也就是说机器学习与推论科学有着密切的关系。关于数学有一句古老的格言：

Mathematics is the door and key to the sciences

数学是通往科学的钥匙

目前为止，作为推论科学的统计机器学习全部是用“数学”这个通用语言记述并发展而来的。为了叩开机器学习的门，必须掌握数学这把钥匙。

实际社会中，对于想要用机器学习解决的问题，一定存在分析对象的数据。数据在数学对象中指的是数字或者是符号的数组。由此可知，“机器学习 = 由数字组成的数组的分析”。更进一步说，数字数组和之后要讲的数学上的向量同义，这样就能很自然地理解为什么机器学习是用数学的语言来记录了。

3.1.3　集合和函数基础

本小节将来学习数学中的基本概念集合与函数基础。

(1) 集合

首先是集合的概念。本书（不仅是本书，还包含现代数学的数理科学）中出现的数学全部都是用集合表示的。集合就是由物汇总成的整体。表示 3 个数字 1、2、3 组成的集合 S 时，使用大括号 $\{\}$，记为

$$S=\{1,2,3\}$$

集合中一个一个的对象称为元素。例如对于集合 $S=\{1,2,3\}$，数字 1 就是集合 S 的元素。用符号 $\in$ 表示为 $1\in S$。Python 中可以用 set 型表示集合（见清单 3.1）。

清单 3.1　集合示例

In

```
# 集合示例
s = set()
s.add(1) ; s.add(2) ; s.add(3)
print("集合s = ", s)

# 确认是否包含数字元素
for i in [1, 3, 5]:
    print("{}是s的元素: ".format(i), i in s)
```

Out

```
集合s =  {1, 2, 3}
1是s的元素:  True
3是s的元素:  True
5是s的元素:  False
```

集合的定义方法记为：

$$S=\{x \mid 满足 P(x) 条件的 x\}$$

即，“集合 S 由满足 $P(x)$ 条件的 x 组成”。例如，定义如下集合：

$$S=\{x \mid x 为偶数\}$$

则 S 是所有偶数构成的集合（见清单 3.2）。

清单 3.2　集合的定义

In

```
# 定义50以下偶数的集合
s = set([i for i in range(1, 50) if i % 2 ==0])
print(s)
```

Out

```
{2, 4, 6, 8, 10, 12, 14, 16, 18, 20, 22, 24, 26, 28, ➡
30, 32, 34, 36, 38, 40, 42, 44, 46, 48}
```

由集合 S 中一部分元素组成的集合 S'，称为 S 的子集，用符号 $\subset$ 表示，记作 $S' \subset S$。Python 中可以使用 set 型对应的<运算符判断子集（见清单 3.3）。

清单 3.3 集合的判断

In

```
# 判断是否是子集
s = set([1, 2, 3])
s_prime = set()
for i in [1, 4, 5]:
    s_prime.add(i)
    print(s_prime, "是{1,2,3}的子集: ", s_prime < s)
```

Out

```
{1} 是{1,2,3}的子集:  True
{1, 4} 是{1,2,3}的子集:  False
{1, 4, 5} 是{1,2,3}的子集:  False
```

给定两个集合 S_1、S_2，把这两个合并在一起的集合称为并集，记作 $S_1 \cup S_2$。换言之，并集 $S_1 \cup S_2$ 定义为：$S_1 \cup S_2$；$=\{s \mid s \in S_1 \text{ or } s \in S_2\}$。

Python 中使用 set 型的 union 方法可以得到并集（见清单 3.4）。

清单 3.4 并集

In

```
S1 = set([3, 5, 10])
S2 = set([4, 5, 6])
print("S1 ∪ S2 =", S1.union(S2))
```

Out

```
S1 ∪ S2 = {3, 4, 5, 6, 10}
```

相反，由两个集合所有的共同元素组成的集合表示为 $S_1 \cap S_2$，称为交集，定义为：$S_1 \cap S_2 := \{s \mid s \in S_1 \text{ and } s \in S_2\}$。Python 中可以使用 intersection 方法得出交集（见清单 3.5）。

清单 3.5 交集

In

```
S1 = set([3, 5, 10])
S2 = set([4, 5, 6])
print("S1 ∩ S2 =", S1.intersection(S2))
```

Out

```
S1 ∩ S2 = {5}
```

有限个元素组成的集合中，元素的数目用 $\#S$ 表示，称作集合的大小或者浓度。在 Python 中，可以通过向 len 函数传递 set 型获取集合的大小（见清单 3.6）。

清单 3.6　集合的大小

In

```
S = set([i for i in range(1000)])
print("#S =", len(S))
```

Out

```
#S = 1000
```

代表性的集合

这里先介绍本书中出现的代表性集合的定义与表示方法。

所有实数构成的集合用符号 $\mathbb{R}$ 表示。即 $\mathbb{R}:=\{x \mid x\text{ 是实数}\}$。$n$ 个实数组成的集合表示为 $\mathbb{R}^n$：$\mathbb{R}^n:=\{(x_1,\cdots,x_n) \mid x_i \in \mathbb{R}(i=1,\cdots,n)\}$

在接下来的内容里，这个集合会被称为 n 维欧几里得空间，或者简单地叫作 n 维空间。

另外，对于满足 $a<b$ 条件的实数 a，$b \in \mathbb{R}$，下面的实数子集也经常出现。

$$[a,b]:=\{x \in \mathbb{R} \mid a \leqslant x \leqslant b\}$$

$$\mathbb{R}_{>a}:=\{x \in \mathbb{R} \mid a<x\}$$

$$\mathbb{R}_{\geqslant a}:=\{x \in \mathbb{R} \mid a \leqslant x\}$$

（2）函数

接下来，将学习在理解机器学习上最重要的概念——函数。熟知程序语言的读者会认为这是一个非常熟悉的词语，接下来重新从数学的角度，思考一下“什么是函数”吧。

Python 中用 def 语句定义函数（见清单 3.7）。

清单 3.7　函数

In

```
from datetime import datetime

def f_1():
    """在不接收任何内容的情况下输出当前时间的函数"""
    print(datetime.now())

def f_2(x : str):
    """接收并输出字符串的函数"""
    print(x)


def f_3(x : int, y: int) -> int:
    """返回两个整数相加结果的函数"""
    return x + y
```

表 3.1 清晰地对比了 f_1、f_2、f_3 这 3 个函数之间的不同点。

表 3.1　函数

函　　数	说　　明
f_1	无输入输出
f_2	有输入无输出
f_3	有输入输出

用集合的角度来解释，见表 3.2。

表 3.2　集合

集　　合	说　　明
f_1	输入和输出对应的集合都不存在
f_2	所有字符串构成的集合对应着输入，而不存在输出
f_3	所有两个整数组合构成的集合对应输入，全部整数对应输出

对于集合 A 中的任何一个元素，都存在对应关系 f 使得 B 中存在唯一一个元素与之对应，f 就叫作集合 A 到集合 B 的函数，记作 f：$A \to B$，对于 $a \in A$ 有 $f(a)$。为了表示 f 的规则，有时也记为 f：$A \to B$，$a \to f(a)$。

通过上述函数的定义可知，f_1、f_2、f_3 中属于函数的只有 f_3（如果“没有任何元素的集合”存在的话，f_1、f_2、f_3 都符合函数的定义，在这里为了明确讨论，假设这样的集合不存在）。函数可具体记作

$$f\_3:\{(x,y) \mid x \text{ 和 } y \text{ 是整数}\} \to \{z \mid z \text{ 是整数}\},(x,y) \to x+y$$

也许有读者抱有这样的疑问，“为什么要在这里明确函数的定义，有什么必要呢”。这是因为机器学习系统从数学的角度来看，可以说几乎都是函数。理解了“函数是什么样的东西”，掌握了“想要通过机器学习解决的问题用什么样的函数可以解释”对于机器学习的实际应用非常重要。

与机器学习相关的函数，基本上都是与输入输出对应的集合 A 的 n 维空间 $\mathbb{R}^n$、它的子集，或者是由有限个元素组成的离散集合等。下面来看几个例子。

1）垃圾邮件的判断系统指的是输入邮件中包含的词语即可输出该邮件是否为垃圾邮件的函数。

① 输入的集合：词语的集合。

② 输出的集合：{是垃圾邮件，不是垃圾邮件} 的离散集合。

2）判断猫狗图像的识别系统指的是输入图像时可输出该图像是狗还是猫的函数。

① 输入的集合：$\mathbb{R}^n$。

由于图像是像素的集合，这里用实数集合表示。

② 输出的集合：{dog, cat} 的离散集合。

3）通过目前的股价，预测 1h 后股价的系统指的是输入目前的股价，输出 1h 后股价的函数。

① 输入的集合：$\mathbb{R}$。

② 输出的集合：$\mathbb{R}$。

通过以上例子可以看到，几乎所有的机器学习系统都可以当作函数来理解。带着这样的想法，重新审视至今为止接触到的被称作“人工智能”“机器学习系统”的东西，就能明白这在数学上并不是什么很难的概念，而是非常简单的东西。

复合函数

假设有两个函数 f: $A \to B$ 和 g: $B \to C$，则复合函数 $g \circ f$: $A \to C$ 可以记作 $g \circ f(x) := g(f(x))$，$x \in A$，即复合函数 $g \circ f$ 中，g 的 $f(x) \in B$ 的函数值由对应的 $x \in A$ 确定。

例如，

$$f: \mathbb{R} \to \mathbb{R}, x \mapsto x+2$$

$$g: \mathbb{R} \to \mathbb{R}, y \mapsto y^2$$

则复合函数 $g \circ f$: $\mathbb{R} \to \mathbb{R}$ 就可以写作

$$g \circ f(x) = g(f(x)) = g(x+2) = (x+2)^2 = x^2+4x+4$$

机器学习模型中，经常出现这样的复合函数。

(3) 基础函数

最后，将学习几个机器学习中经常出现的函数。高中数学里出现的函数也再来复习一下。

1）指数函数。

指数函数 f（见图 3.1 右）定义为

$$f(x) = \lim_{n \to \infty} \left(1 + \frac{x}{n}\right)^n$$

当函数 f: $\mathbb{R} \to \mathbb{R}$ 时，记作 $f(x) = e^x$ 或 $f(x) = \exp(x)$。有 $\lim\limits_{x \to \infty} e^x = \infty$，$\lim\limits_{x \to -\infty} e^x = 0$ 这两个特征。

2）对数函数。

对数函数是满足关系式 $x = e^{\log(x)}$ 的函数 $\log: (0, \infty) \to \mathbb{R}$（见图 3.1 左）

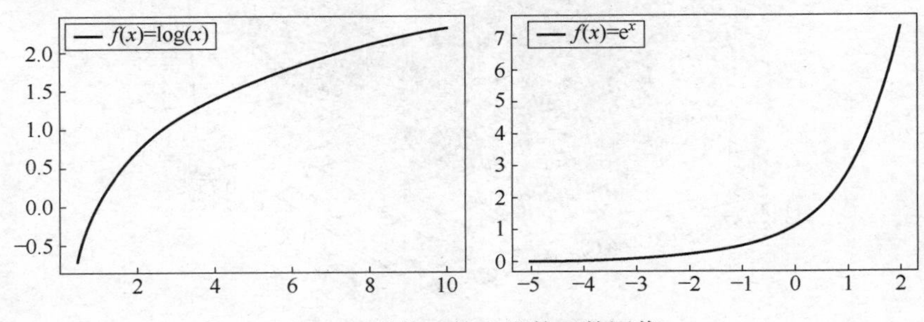

图 3.1 对数函数和指数函数图像

3）多项式函数。

对于正整数 n，多项式函数 f：$\mathbb{R}\to\mathbb{R}$ 表示如下

$$f(x)=\sum_{m=0}^{n} a_m x^m = a_n x^n + a_{n-1}x^{n-1} + \cdots + a_1 x + a_0$$

这里 $a_n\in\mathbb{R}(i=1,\cdots,n)$。例如，当 $n=1$ 时，就变成了具有截距（$=a_0$）和斜率（$=a_1$）的 1 次函数（见图 3.2）。

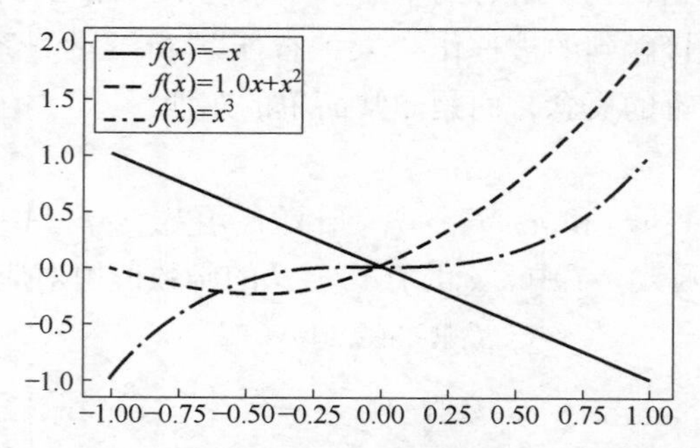

图 3.2　当 $n=1$，2，3 时的多项式函数图像

4）*n* 元多项式函数。

对于正整数 n，n 元多项式函数 f：$\mathbb{R}^d\to\mathbb{R}$ 表示如下

$$f(x_1,\cdots,x_d)=\sum_{m=0}^{n}\sum_{\substack{k_1+\cdots+k_d=m\\0\leqslant k_1,\cdots,0\leqslant k_d}} a_{k_1,\cdots,k_d}x_1^{k_1}\cdots x_d^{k_d}$$

这里 $a_{k_1,\cdots,k_d}\in\mathbb{R}$。这是一个在 d 维欧几里得空间上的函数，它允许从 d 个值中重复 n 次以下取值，并对其进行加权 $a_{k_1,\cdots,k_d}$ 求和。当 $d=1$ 时，这个函数就变成了上边定义的多项式函数。图 3.3 所示为当 $d=2$、$n=4$ 时，函数 $f(x_1,x_2)=10x_1^2-10x_2^4$ 的图像。

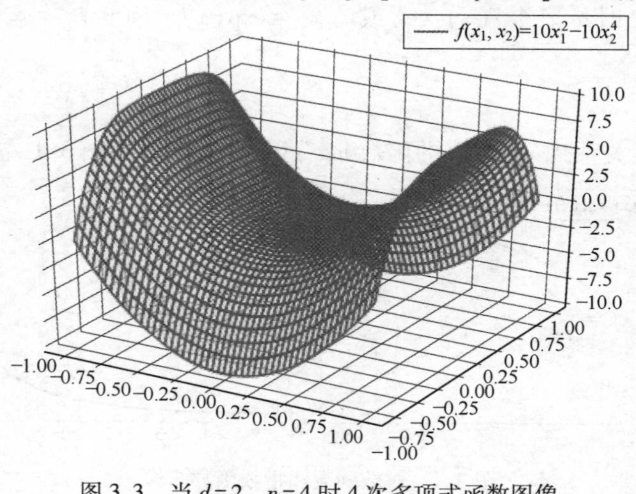

图 3.3　当 $d=2$、$n=4$ 时 4 次多项式函数图像

5）**sigmoid 函数。**

sigmoid 函数是由下面公式定义的函数 σ：$\mathbb{R}\rightarrow\mathbb{R}$

$$\sigma(x)=\frac{1}{1+e^{-x}}$$

通过图 3.4 可以很容易地注意到 $\lim\limits_{x\to\infty}e^{-x}=0$ 和 $\lim\limits_{x\to-\infty}e^{-x}=\infty$，因此 sigmoid 函数通常在［0,1］区间取值。这个性质将会出现在后面介绍的概率分布模型中，对机器学习大有帮助。

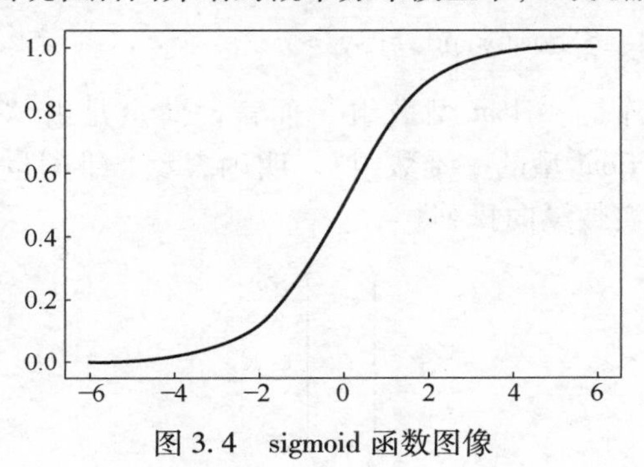

图 3.4　sigmoid 函数图像

6）**Softmax 函数。**

Softmax 函数就是下面公式给出的函数 sigmoid：$\mathbb{R}^n\rightarrow\mathbb{R}^n$

$$\text{sigmoid}(x_1,\cdots,x_n):=\left(\frac{e^{x_1}}{\sum\limits_{i=1}^{n}e^{x_i}},\cdots,\frac{e^{x_n}}{\sum\limits_{i=1}^{n}e^{x_i}}\right)$$

这里的分母是相同的，该函数具有当输出的各部分 $f(x_1,\cdots,x_n)=(y_1,\cdots,y_n)$ 时，$\sum\limits_{i=1}^{n}y_i=1$ 的性质。除此之外，$y\geqslant0$ 的情况在概率分布中也经常用到，将在 3.1.6 小节中进行详细的介绍。

3.1.4　线性代数基础

本小节主要介绍理解机器学习算法所需要的线性代数知识，重点介绍行列式和向量的概念。

线性代数是代数学的一部分，是一个展开丰富抽象理论的领域。如上所述，本书中省略了应用上没有必要的严谨讨论，对此感兴趣的读者推荐阅读以下书籍。

- **《线性代数入门》（斋藤正彦著，东京大学出版社，1966年）**

（1）向量

本书中的向量指的是 $\mathbb{R}^n$ 中的元素。此时若要强调维度 n 的话则称之为 n 维向量。当 $n=1$ 时，$\mathbb{R}^n$ 只是一个实数，不是复数，当强调只是一个数字时也可称为标量。

Python 中可以用 float 型数组表示，为方便起见，本书采用 numpy.ndarray 型表示（见清单 3.8）。

清单 3.8 向量

In

```
import numpy as np
x = np.array([1.1, 2.2, 3.3])
print(x, type(x))
```

Out

```
[1.1 2.2 3.3] <class 'numpy.ndarray'>
```

相对于后边介绍的矩阵是“float 型数组”而言，向量是由“float 型数组”来表示的，因此可以解释为“向量是 float 型的一维数组”。明确表示 n 维向量的各组成部分（或者称为元素）时，按如下所示将实数纵向排列。

$$x=\begin{pmatrix} x_1 \\ x_2 \\ \vdots \\ x_n \end{pmatrix} \in \mathbb{R}^n$$

这样表示的向量称为垂直向量。即使没有做出明确标记，规定 x 也像上式一样表示垂直向量，x_i 表示从上至下的第 i 个元素。在接下来介绍的矩阵运算中，为了方便记录，规定不管是纵向排列还是横向排列，向量对应 $\mathbb{R}^n$ 的元素是相同的。

NumPy 中，n 维垂直向量由 shape=(n,1) 的 np. ndarray 表示（见清单 3. 9）。

清单 3.9 垂直向量

In

```
# 三维垂直向量
x = np.array([[1.0], [2.0], [3.0]])
print(x, type(x), "shape=", x.shape)
```

Out

```
[[ 1.]
 [ 2.]
 [ 3.]] <class 'numpy.ndarray'> shape= (3, 1)
```

单位向量 $\boldsymbol{e}_i \in \mathbb{R}^n(i=1,\cdots,n)$ 作为特殊的向量，除了第 i 个元素是 1 之外，其他元素都是 0，定义为

$$\boldsymbol{e}_1=\begin{pmatrix} 1 \\ 0 \\ \vdots \\ 0 \\ 0 \end{pmatrix},\boldsymbol{e}_2=\begin{pmatrix} 0 \\ 1 \\ \vdots \\ 0 \\ 0 \end{pmatrix},\cdots,\boldsymbol{e}_{n-1}=\begin{pmatrix} 0 \\ 0 \\ \vdots \\ 1 \\ 0 \end{pmatrix},\boldsymbol{e}_n=\begin{pmatrix} 0 \\ 0 \\ \vdots \\ 0 \\ 1 \end{pmatrix}$$

向量遵循以下运算规则。

1）和。

向量 $\boldsymbol{x}$，$\boldsymbol{y} \in \mathbb{R}^n$ 的和 $\boldsymbol{x}+\boldsymbol{y} \in \mathbb{R}^n$ 可以由以下式子得出

$$\boldsymbol{x}+\boldsymbol{y}=\begin{pmatrix} x_1+y_1 \\ x_2+y_2 \\ \vdots \\ x_n+y_n \end{pmatrix} \in \mathbb{R}^n$$

NumPy 可以使用+运算符计算向量的和（见清单 3.10）。

清单 3.10　和

In

```
x = np.array([-1, 0, -1])
y = np.array([0, 1, 0])
print(x + y, type(x+y))
```

Out

```
[-1  1 -1] <class 'numpy.ndarray'>
```

2）差。

向量 $\boldsymbol{x}$，$\boldsymbol{y} \in \mathbb{R}^n$ 的差 $\boldsymbol{x}-\boldsymbol{y} \in \mathbb{R}^n$ 可以由以下式子得出

$$\boldsymbol{x}-\boldsymbol{y}=\begin{pmatrix} x_1-y_1 \\ x_2-y_2 \\ \vdots \\ x_n-y_n \end{pmatrix}$$

NumPy 可以使用−运算符计算向量的差（见清单 3.11）。

清单 3.11　差

In

```
x = np.array([-1, 0, -1])
y = np.array([0, 1, 0])
print(x - y, type(x-y))
```

Out

```
[-1 -1 -1] <class 'numpy.ndarray'>
```

3）数乘。

对于 $\alpha \in \mathbb{R}$ 和向量 $\boldsymbol{x} \in \mathbb{R}^n$，向量的数乘 $\alpha\boldsymbol{x} \in \mathbb{R}^n$ 定义为 $\boldsymbol{x}$ 的各个部分扩大 α 倍的向量，表示为

$$\alpha \boldsymbol{x} = \begin{pmatrix} \alpha x_1 \\ \alpha x_2 \\ \vdots \\ \alpha x_n \end{pmatrix} \in \mathbb{R}^n$$

NumPy 中用 * 运算符计算（见清单 3. 12）。

清单 3. 12　数乘

In

```
x = np.array([1, 1, 3])
alpha = -0.01
print(alpha*x, type(alpha*x))
```

Out

```
[-0.01 -0.01 -0.03] <class 'numpy.ndarray'>
```

所有的 n 维向量 $\boldsymbol{x}$ 都可以用单位向量的数乘与和的方式表示。即

$$\boldsymbol{x} = \begin{pmatrix} x_1 \\ x_2 \\ \vdots \\ x_n \end{pmatrix} = \begin{pmatrix} x_1 \cdot 1 \\ 0 \\ \vdots \\ 0 \end{pmatrix} + \cdots + \begin{pmatrix} 0 \\ 0 \\ \vdots \\ x_n \cdot 1 \end{pmatrix}$$

$$= \boldsymbol{x}_1 \boldsymbol{e}_1 + \cdots + \boldsymbol{x}_n \boldsymbol{e}_n = \sum_{i=1}^{n} \boldsymbol{x}_i \boldsymbol{e}_i$$

（2）向量的范数/距离/内积

1）范数。

机器学习中，经常需要用到向量的模（范数）。

对于 $p>0$，定义 n 维向量 $\boldsymbol{x} \in \mathbb{R}^n$ 的 L^p 范数 $\|x\|_p$ 为

$$\|x\|_p := \left(\sum_{i=1}^{n} |x_i|^p \right)^{\frac{1}{p}}$$

表示向量 $\boldsymbol{x}$ 到原点的距离。NumPy 中可以通过 numpy. linalg. norm 函数计算向量的范数（见清单 3. 13）。

清单 3. 13　范数

In

```
x = np.array([0, 1, -1])

print("L^2-范数:", np.linalg.norm(x, 2)) ➡
# x为上述值时，其L^2-范数等于√2
```

```
print("L^5-范数:", np.linalg.norm(x, 5))
print("L^10-范数:", np.linalg.norm(x, 10))
```

Out

```
L^2-范数: 1.41421356237
L^5-范数: 1.148698355
L^10-范数: 1.07177346254
```

当 $p=2$ 时，L^2 范数又称为欧几里得范数，由于其最基本且频繁出现，本书中把 L^2 范数简单地称为“范数”或者“向量的模”，有时也会把 $\|x\|_2$ 的数字 2 省略，仅记作 $\|x\|$。

2）欧几里得距离。

给定两个向量，可以用欧几里得距离和内积表示它们的远近。规定 n 维向量 x，$y\in\mathbb{R}^n$ 的欧几里得距离 $d(x,y)$ 为

$$d(x,y):=\|x-y\|$$

也就是两个向量差的范数。虽然本书中把欧几里得距离简单地称为距离，距离原本指测量集合中两个元素远近的尺度，另外除了欧几里得距离外，数学中还存在其他的“距离”，请读者注意。

3）内积。

规定 n 维向量 $\boldsymbol{x}$，$\boldsymbol{y}\in\mathbb{R}^n$ 的内积 $\boldsymbol{x}\cdot\boldsymbol{y}$ 为

$$\boldsymbol{x}\cdot\boldsymbol{y}:=\sum_{i=1}^{n}\boldsymbol{x}_i\boldsymbol{y}_i$$

内积是向量各个元素乘积的和。NumPy 中通过 np. inner 计算可得（见清单 3. 14）

清单 3. 14 内积

In

```
import numpy as np
x = np.array([0, 1, -1])
y = np.array([1, 0, 1])
print("inner product:",np.inner(x, y))
```

Out

```
inner product: -1
```

内积和欧几里得距离一样，可以认为是表示两个向量相似程度的数值。实际上，内积也可以用各向量的欧几里得距离和两个向量所形成的角度 θ 表示，即

$$\boldsymbol{x}\cdot\boldsymbol{y}=\|x\|\|y\|\cos\theta$$

（3）矩阵和线性函数的表示

面向初学者的书籍里，矩阵多表现为“float 型数组”，但是“float 型数组”最终在集合上除了表现为“实数组”之外，在数学本质上并不清楚是什么东西。本章将进一步深入，

扎扎实实地学习“何为矩阵”。因为矩阵是线性的，理解了这个本质，对深度学习等高等机器学习算法的理解很有帮助。

函数f：$\mathbb{R}^n \to \mathbb{R}^m$ 具有线性指的是，对于任意的向量$\boldsymbol{x}$，$\boldsymbol{y} \in \mathbb{R}^n$ 和标量α，$\beta \in \mathbb{R}$ 而言，式子$f(\alpha x+\beta y)=\alpha f(x)+\beta f(y)$ 都成立。

右边即是 $\mathbb{R}^m$ 中向量的运算。也就是说，函数具有线性，则向量进行和运算及数乘前后，函数的结果都不会发生变化。这样的函数称为线性函数。

假设有一个线性函数f：$\mathbb{R}^n \to \mathbb{R}^m$，输入集合 $\mathbb{R}^n$ 的单位向量为 $\boldsymbol{e}_j \in \mathbb{R}^n (j=1,\cdots,n)$，输出集合 $\mathbb{R}^m$ 的单位向量 $\boldsymbol{e}_i^j \in \mathbb{R}^m (i=1,\cdots,m)$。首先，所有的 m 维向量可以用单位向量数乘后的和表示，则向量 $\boldsymbol{e}_j$ 对应的函数f的值可以写作

$$f(e_j)=\sum_{i=1}^{m} a_{i,j}e'_i, \quad (j=1,\cdots,n)$$

这里出现的实数 $a_{i,j}$的集合$A=(a_{i,j})$ 成为由线性函数f确定的矩阵或是 $m \times n$ 矩阵，排列如下

$$\boldsymbol{A}=\begin{pmatrix} a_{11} & a_{12} & \cdots & a_{1n} \\ a_{21} & a_{22} & \cdots & a_{2n} \\ \vdots & \vdots & \ddots & \vdots \\ a_{m1} & a_{m2} & \cdots & a_{mn} \end{pmatrix}$$

$m \times n$ 称为矩阵的维度或矩阵的大小。当 $m=n$ 时矩阵称为方阵，$\{a_{i,i}\}_{i=1}^{n}$称为方阵的对角元素。另一方面，对于一般的 n 维向量 $x=\sum_{j=1}^{n} x_j e_j \in \mathbb{R}^n$，函数$f$的值可以用线性表示为

$$\begin{aligned} f(x) &= f\left(\sum_{j=1}^{n} x_j e_j\right) \\ &= \sum_{j=1}^{n} x_j f(e_j) \\ &= \sum_{j=1}^{n} x_j \left(\sum_{i=1}^{m} a_{i,j} e'_i\right) \\ &= \sum_{i=1}^{m} \left(\sum_{j=1}^{n} a_{i,j} x_j\right) e'_i \\ &= \begin{pmatrix} \sum_{j=1}^{n} a_{1,j}x_j \\ \sum_{j=1}^{n} a_{2,j}x_j \\ \vdots \\ \sum_{j=1}^{n} a_{m,j}x_j \end{pmatrix} \end{aligned}$$

由此可知，函数 f 的值由矩阵 $\boldsymbol{A}=(a_{i,j})$ 决定。也就是说，矩阵本身就是线性函数。

因此，可以定义 $m\times n$ 矩阵 $\boldsymbol{A}=(a_{i,j})$ 与 n 维向量 $\boldsymbol{x}$ 的积 $\boldsymbol{Ax}$ 为函数 f 基于 $\boldsymbol{x}$ 的值，即 $\boldsymbol{Ax}:=f(x)$。

垂直向量和上述的数字用排列矩阵的表示方法可以得到以下结果：

$$\begin{pmatrix} a_{11} & a_{12} & \cdots & a_{1n} \\ a_{21} & a_{22} & \cdots & a_{2n} \\ \vdots & \vdots & \ddots & \vdots \\ a_{m1} & a_{m2} & \cdots & a_{mn} \end{pmatrix}\begin{pmatrix} x_1 \\ x_2 \\ \vdots \\ x_n \end{pmatrix}:=\begin{pmatrix} \sum_{j=1}^{n} a_{1,j}x_j \\ \sum_{j=1}^{n} a_{2,j}x_j \\ \vdots \\ \sum_{j=1}^{n} a_{m,j}x_j \end{pmatrix}$$

这样的表示方法和定义是矩阵的二维实数数组，也就是“float 型数组”的本质。

NumPy 中，矩阵和向量均可以用 np. ndarray 表示，矩阵和向量的积用 np. dot 表示。而矩阵的维度可以通过 np. ndarray. shape 获得（见清单 3. 15）

清单 3. 15　矩阵和向量的积

In

```
# 2 x 3 矩阵A和三维向量x的积
x = np.array([[1], [0], [-1]])
A = np.array([[1, 1, 1], [100, 0, 0]])
print("input vector: \n", x)
print("matrix with size ={} \n".format(A.shape), A)
print("product:\n", np.dot(A, x))
```

Out

```
input vector:
 [[ 1]
 [ 0]
 [-1]]
matrix with size =(2, 3)
 [[  1   1   1]
 [100   0   0]]
product:
 [[0]
 [100]]
```

(4) 矩阵的运算和逆矩阵

1) 矩阵的积。

给定两个线性函数 f: $\mathbb{R}^n\rightarrow\mathbb{R}^m$ 和 g: $\mathbb{R}^m\rightarrow\mathbb{R}^l$，复合函数 $g\circ f$: $\mathbb{R}^n\rightarrow\mathbb{R}^l$ 也满足线性条

件。即

$$
\begin{aligned}
g \circ f(\alpha x+\beta y) &= g(f(\alpha x+\beta y)) \\
&= g(\alpha f(x)+\beta f(y)) \\
&= \alpha g(f(x))+\beta g(f(y)) \\
&= \alpha(g \circ f)(x)+\beta(g \circ f)(y)
\end{aligned}
$$

由此可知，$g \circ f$ 也存在对应的矩阵。假设 f，g，$g \circ f$ 对应的矩阵分别为矩阵 $\boldsymbol{A}$、$\boldsymbol{B}$、$\boldsymbol{C}$，则 $m \times n$ 矩阵 $\boldsymbol{A}$ 与 $1 \times m$ 矩阵 $\boldsymbol{B}$ 的积 $\boldsymbol{BA}$ 即为矩阵 $\boldsymbol{C}$。也就是说，矩阵间的积可以定义为，相应线性函数复合后得到的线性函数所确定的矩阵。当 $\boldsymbol{A}=(a_{i,j})$，$\boldsymbol{B}=(b_{i,j})$，$\boldsymbol{C}=(c_{i,j})$ 时，具体可以写作

$$
c_{i,j} = \sum_{k=1}^{m} b_{i,k} a_{k,j}
$$

NumPy 中，可以使用 numpy. matmul 计算矩阵的积（见清单 3. 16）。

清单 3. 16　矩阵的积

In

```
A = np.array([[1, 2], [2, -3], [-1, 2]])  # 3 x 2 矩阵
B = np.array([[1, 2, -1]]) # 1 x 3 矩阵
print("matrix  A with shape ={}  \n".format(A.shape), A)
print("matrix: B  with shape ={} \n".format(B.shape), B)
print("matrix BA with shape={} \n".format(np.matmul➡
(B, A).shape), np.matmul(B, A))
```

Out

```
matrix  A with shape =(3, 2)
 [[ 1  2]
 [ 2 -3]
 [-1  2]]
matrix: B  with shape =(1, 3)
 [[ 1  2 -1]]
matrix BA with shape=(1, 2)
 [[ 6 -6]]
```

对于 $m \times n$ 矩阵 $\boldsymbol{A}$ 和 $p \times q$ 矩阵 $\boldsymbol{B}$ 而言，由定义可知矩阵的积 $\boldsymbol{BA}$ 只有在 $m=q$ 的时候才存在，这种情况下运行 np. matmul，就会出现 ValueError（见清单 3. 17）。

清单 3. 17　ValueError 的例子

In

```
A = np.array([[1, 2], [2, -3], [-1, 2]])  # 3 x 2 矩阵
B = np.array([[1, 2, -1, 4]]) # 1 x 4 矩阵
np.matmul(B, A) # 4 ≠ 3发生错误
```

Out

```
---------------------------------------------------------------------------

ValueError                                Traceback (most recent call last)

<ipython-input-21-e4a99d04179c> in <module>()
      1 A = np.array([[1,2], [2,-3], [-1,2]])  # 3 x 2 矩阵
      2 B = np.array([[1,2,-1,4]]) # 1 x 4 矩阵
----> 3 np.matmul(B,A) # 4 ≠ 3发生错误

ValueError: shapes (1,4) and (3,2) not aligned: 4 (dim 1) != 3 (dim 0)
```

2）矩阵的和。

给定输入输出维度相同的两个线性函数 f：$\mathbb{R}^n \to \mathbb{R}^m$ 和 g：$\mathbb{R}^n \to \mathbb{R}^m$，可以很容易地确认 f 与 g 的和 $f+g$：$\mathbb{R}^n \to \mathbb{R}^m$，$x \mapsto f(x)+g(x)$ 也满足线性条件。假设 f，g，$f+g$ 对应的矩阵分别为 $\boldsymbol{A}=(a_{i,j})$，$\boldsymbol{B}=(b_{i,j})$，$\boldsymbol{C}=(c_{i,j})$，由定义可知，两个矩阵的和 $\boldsymbol{A}+\boldsymbol{B}$ 即为矩阵 $\boldsymbol{C}$，$c_{ij}=a_{ij}+b_{ij}$。在 NumPy 中，矩阵的和与向量的和相同，可以使用+运算获得（见清单 3.18）。

清单 3.18　矩阵的和

In

```
A = np.array([[2, 3], [-2, 1]])
B = np.array([[-2, 1], [2, 3]])
C = A + B
print("matrix  A with shape ={}  \n".format(A.shape), A)
print("matrix: B  with shape ={} \n".format(B.shape), B)
print("matrix A+B with shape={} \n".format(C.shape), C)
```

Out

```
matrix  A with shape =(2, 2)
 [[ 2  3]
 [-2  1]]
matrix: B  with shape =(2, 2)
 [[-2  1]
 [ 2  3]]
matrix A+B with shape=(2, 2)
 [[0 4]
 [0 4]]
```

3）转置矩阵。

对于矩阵 $\boldsymbol{A}=(a_{i,j})$，如果有矩阵（b_{ij}），互换 i 和 j 的位置，使得 $b_{ij}=a_{ji}$，则这个矩阵称为 $\boldsymbol{A}$ 的转置矩阵，记作 $\boldsymbol{A}^{\mathrm{T}}$。

Numpy 中，可以通过 numpy. ndarray. T 方法得到转置矩阵（见清单 3. 19）。

清单 3. 19　转置矩阵

In

```
A = np.array([[2, 3, 4, 5], [-5, -4, -3, -2]])
print("matrix  A with shape ={}  \n".format(A.shape), A)
print("matrix  A^T with shape ={}  \n".format➡
(A.T.shape), A.T)
```

Out

```
matrix  A with shape =(2, 4)
 [[ 2  3  4  5]
 [-5 -4 -3 -2]]
matrix  A^T with shape =(4, 2)
 [[ 2 -5]
 [ 3 -4]
 [ 4 -3]
 [ 5 -2]]
```

由定义可知，$n\times m$ 矩阵的转置矩阵为 $m\times n$ 矩阵。例如，如果把 n 维向量 $\boldsymbol{v}$ 看作是 $n\times 1$ 矩阵（相当于 $\boldsymbol{v}_{i,1}:=\boldsymbol{v}_i$），则其转置矩阵 $\boldsymbol{v}^{\mathrm{T}}$ 为 $1\times n$ 矩阵。

由此可得，n 维向量 $\boldsymbol{v}$ 与 $\boldsymbol{w}$ 的内积 $\langle\boldsymbol{v},\boldsymbol{w}\rangle$，满足关系式 $\langle\boldsymbol{v},\boldsymbol{w}\rangle=\boldsymbol{v}^{\mathrm{T}}\boldsymbol{w}$。等式右边是作为矩阵的 $\boldsymbol{v}^{\mathrm{T}}$ 与 $\boldsymbol{w}$ 的积。实际上，$\boldsymbol{v}^{\mathrm{T}}$ 是 1×1 矩阵，其元素 $c_{1,1}$ 按照矩阵的积定义为

$$c_{1,1}=\sum_{j=1}^{n}\boldsymbol{v}_{1,j}\boldsymbol{w}_{j,1}$$

可知与内积的数值一致。

4）单位矩阵与逆矩阵。

所有原样返回 n 维向量的函数 f：$\mathbb{R}^n\to\mathbb{R}^n$，$x\mapsto x$ 都是线性函数。即 $f(\alpha,x+\beta y)=\alpha x+\beta y=\alpha f(x)+\beta f(y)$。这样的函数称为恒等函数，记作 id。此外对应的 $n\times n$ 称作单位矩阵，为了强调维度记作 $\boldsymbol{I}_n$。具体定义为对角元素为 1，其余元素为 0 的矩阵，即

$$\boldsymbol{I}_n:=\begin{pmatrix}1&0&0&\cdots&0\\0&1&0&\cdots&0\\0&0&1&\cdots&0\\\vdots&&&\ddots&\\0&0&0&\cdots&1\end{pmatrix}$$

对于 $n\times n$ 矩阵 $\boldsymbol{A}$ 相应的线性函数 f：$\mathbb{R}^n\to\mathbb{R}^n$，如果满足 $g\circ f=\mathrm{id}$ 的函数 g：$\mathbb{R}^n\to\mathbb{R}^n$ 存在，g 必定是线性函数，相应的 $n\times n$ 矩阵称作 $\boldsymbol{A}$ 的逆矩阵，记作 $\boldsymbol{A}^{-1}$。由定义可得，逆矩阵 $\boldsymbol{B}=(b_{i,j})$ 满足

$$\sum_{k=1}^{n}b_{i,k}a_{k,j}=\delta_{i,j}$$

这里的 $\delta_{i,j}$ 是克罗内克符号，定义为函数

$$\delta_{i,j}:=\begin{cases}1 & (i=j)\\0 & (i\neq j)\end{cases}$$

需要注意的是，逆矩阵虽然不是一定存在的，但却是方阵的必要条件。

（5）特征值与特征向量

逆矩阵存在的充分条件与方阵的某些特征的量有关，称之为特征值和特征向量。

对于 n 阶方阵 $\boldsymbol{A}$ 来说，非零向量 $\boldsymbol{v}$ 是矩阵 $\boldsymbol{A}$ 的特征向量，存在复数 λ（复数指的是用平方为-1 的虚数 i，表示为 $a+bi(a,b\in\mathbb{R})$ 的数。本章中涉及的有关线性代数的讨论都是实数向量空间上的，但是也可以自然地运用到复数向量空间上）使得矩阵 $\boldsymbol{A}$ 和向量 $\boldsymbol{v}$ 满足条件，$\boldsymbol{Av}=\lambda\boldsymbol{v}$。

此时，λ 即是特征向量 $\boldsymbol{v}$ 对应的特征值。

也就是说所谓特征向量，是指 $\boldsymbol{A}$ 经过线性变换，其特征值的倍数被放大而方向没有发生改变的向量。已知任何矩阵都存在特征值和特征向量，通过矩阵的特征值可知矩阵的性质。举一个具体例子，比如“逆矩阵存在的充分必要条件是所有的特征值都不为零”。

对于方阵 $\boldsymbol{A}$，如果定义 $\det(\boldsymbol{A})$ 为所有特征值的乘积，则 $\det(\boldsymbol{A})\neq 0$ 与逆矩阵存在等价。

3.1.5　微分基础

（1）微分与泰勒展开

在机器学习中，通过用函数建模来研究某些现象的性质尤为重要。

例如，经常通过探求函数的最大值最小值，来获取点 x 周围函数值的变化情况。研究函数性质最经常使用的 1 个方法就是求微分。

$D\subset\mathbb{R}^n$ 上定义的函数 f：$D\to\mathbb{R}$，其 x_i 方向上的偏微分 $\frac{\partial f}{\partial x_i}$：$D\to\mathbb{R}$ 定义为函数：

$$\frac{\partial f}{\partial x_i}(x_1,\cdots,x_n):=\lim_{h\to 0}\frac{f(x_1,\cdots,x_i+h,\cdots,x_n)-f(x_1,\cdots,x_n)}{h}$$

这是表示从点 x 到元素 x_i 的方向上稍微移动时，$f(x)$ 的值变化程度的微小变化量。本来，关于是否存在右边极限值是一个很有趣的问题，但是在本章中涉及的函数，一律假定可以定义右边。当 $n=1$ 时，习惯用符号 $\frac{\mathrm{d}f}{\mathrm{d}x}$：$D\to\mathbb{R}$ 表示，称作微分。

也可以用 f' 或者 $\nabla f\mathbb{R}^n\to\mathbb{R}^n$ 表示所有分量偏微分的函数，即

$$\nabla f(x):=\begin{pmatrix}\frac{\partial f}{\partial x_1}(x)\\\frac{\partial f}{\partial x_2}(x)\\\vdots\\\frac{\partial f}{\partial x_n}(x)\end{pmatrix}$$

泰勒展开也是使用微分研究函数局部性质的有效方法。对于点 x 和范数非常小的向量 $\boldsymbol{v}$ 而言，关系式 $f(x+v)=f(x)+\langle\nabla f(x),v\rangle+o(\|v\|)$ 成立。

这里的 $o(\|v\|)$ 叫作朗道符号，而 $\|v\|$ 包含了小到可以忽略不计的小项。泰勒展开的意思是，相对于微小的输入变化，通过微分近似地描述输出的变化。

（2）最速下降法

不仅是机器学习，很多现实中的数理问题都被设置为寻找函数 $f:\mathbb{R}^n\rightarrow\mathbb{R}$ 的最小值点 x^* 的最小化问题（即使不存在最小值，也想要探究使 $f(x)$ 值更小的 x）。在探究范围集合 $D\subset\mathbb{R}^n$ 中取 $f(x)$ 最小值的点 x^* 表示为 $x^*:=\underset{x\in D}{\operatorname{argmin}}f(x)$（同样最大值的取值点表示为 $\underset{x\in D}{\operatorname{argmax}}$）。

最速下降法（又称梯度下降法）是解决这种最优化问题的最基本算法。最速下降法从初始值 x_0 开始，根据 $x_{t+1}:=x_t-\alpha_t\nabla f(x_t)$ $(t=0,1,2,\cdots)$ 不断更新数值。

这里的 $\alpha_t>0$ 称为学习率，过大过小将导致从 x^* 发散或收敛变慢。通过设置合适的学习率，使得更新后的值 $f(x_{t+1})$ 总是小于更新前的值 $f(x_t)$。实际上，从泰勒展开式可以看出 $f(x_{t+1})$ 与下式近似：

$$
\begin{aligned}
f(x_{t+1})&=f(x_t-\alpha_t\nabla f(x_t))\\
&=f(x_t)+\langle\nabla f(x_t),-\alpha_t\nabla f(x_t)\rangle+o(\alpha_t\|\nabla f(x_t)\|)\\
&=f(x_t)-\alpha_t\|\nabla f(x_t)\|^2+o(\alpha_t\|\nabla f(x_t)\|)\\
&\approx f(x_t)-\alpha_t\|\nabla f(x_t)\|^2
\end{aligned}
$$

考虑到 $\|\nabla f(x_t)\|^2>0$，可知 $f(x_{t+1})<f(x_t)$ 成立。

然而，如何决定学习率是非常重要且困难的问题，目前相关研究仍在积极进行中。

3.1.6　概率统计基础

本小节将学习实际统计机器学习中不可或缺的概率论和统计学知识。概率论为数学讨论偶然和不确定性提供了基础，作为数学的一个分支，至今仍在积极研究中。本章只讨论最低程度的必要的概率论知识，对现代概率论更详细的讨论，感兴趣的读者请阅读以下书籍。

- **《概率论》（舟木直久著，朝仓书店，2004年）**

（1）概率变量

对集合 S 取值的概率变量指的是，遵循一定的法则随机分配 S 中的元素 x。这种分配称为观测，分配的值 x 称为 X 的样本，或是观测值、标本。概率变量的符号用大写字母 X、Y、Z…表示，样本符号用相应的小写字母 x、y、z…表示。

另外，事件是概率分配可能 S 的子集 $S'\subset S$。这里的“概率分配可能”是指“X 在 S' 中取值的概率”。S 本身作为事件考虑时称为全部事件。

概率变量取值的集合 S 是由有限个元素组成的离散集合时称为离散概率变量，当集合 S 是 $\mathbb{R}^n$ 或是其子集时称为连续概率变量。

在这里，定义概率变量时，使用了不太严谨的词语，那么严格意义上概率变量在数学上究竟是什么呢？随机性又是什么呢？20 世纪的数学家安德烈创始的公理概率论可以回答这些疑问。虽然本章不深入学习公理概率论，但是学习能够统一、严密地讨论概率论的公理概率论本身是一种非常有价值的体验。

(2) 概率分布

根据概率变量 X 可以确定事件对应的概率。表示各事件发生程度的函数 p 称为概率分布。概率变量 X 服从概率分布 p，记作 $X\sim p$。

下面具体来看一下离散/连续概率变量的概率分布。

1）离散概率变量。

S 是有限个元素组成的集合，假设数目为 n，则各个元素从 1 开始分配号码，记作 $S=\{1,2,\cdots,n\}$。

X 遵循一定的规律随机从 1，…，n 中取值，把各个元素出现的概率表示为从 0 到 1 的数字的函数 f_X：$S\to[0,1]$，$i\mapsto f_X(i)$ 叫作概率质量函数，$f_X(i)$ 的值描述的是“概率变量取值为 i 的概率”。

离散概率变量的概率分布可以通过概率质量函数来描述。事实上对于任何事件 $S'\subset S$，该事件对应的概率可以由 $p_X(X\in S'):=\sum_{i\in S'}f_X(i)$ 确定。对于任意的事件 S'，确定其概率的函数 $p_X(X\in S')$ 称为概率分布。$p_X(X\in\{i\})=f_X(i)$ 有时也习惯性地记作 $p_X(X=i)$。

特别是因为全部事件 S 必定发生，概率质量函数具有“所有的概率 $p_X(i)$ 相加为 1”的性质，即

$$p_X(X\in S)=\sum_{i\in S}p_X(i)=1$$

举个例子，试想一下投掷没有偏差的骰子。在这种情况下，X 的值由 $\{1,2,3,4,5,6\}$ 中随机取出，并且骰子没有偏差，所以是概率均一的变量。概率质量函数为

$$p_X(i)=\frac{1}{6},\ i=1,\ \cdots,\ 6$$

另外，“骰子第一个出现的是偶数”这个事件是子集 $S'=\{2,4,6\}\subset S$，其概率可以计算如下

$$p_X(X\in S')=\sum_{i=2,4,6}\frac{1}{6}=\frac{1}{6}\times 3=\frac{1}{2}$$

2）连续概率变量。

对于连续概率变量，如离散概率变量，对于 X 的取值，不能表示为从 0 到 1 的数值，无法确定其概率分布。例如，来考虑一个可以从 $[-1,1]$ 全部范围内无偏差取值的概率变量。当用 $\frac{1}{k}(0<k<1)$ 来表示没有偏差的概率时，虽然希望所有事件的概率和为 1，但由于实际上要取无数个 $\frac{1}{k}$ 的和，所以会无限大地发散。

$$p_X(X \in [-1,1]) = \sum_{k \in [-1,1]} \frac{1}{k} > \lim_{N \to \infty} \sum_{k=1}^{N} \frac{1}{k} = \frac{1}{k} + \frac{1}{k} + \cdots = \infty \neq 1$$

因此，对于连续概率变量（实际上，离散概率变量也可以用积分的框架来解释。由于其具体细节大幅度地超过了本章的范围，在此无法进行详细介绍，感兴趣的读者请阅读《概率论》（舟木直久著、朝仓书店、2004 年）），通过积分表示概率分布来避免这个问题，其积分函数称为概率密度函数。概率密度函数 f_X：$S \to \mathbb{R}$，对于所有的 $x \in S$ 都有 $f_X(x) \geqslant 0$，并且具有以下性质：

① $f_X(x)$ 可以在 S 上积分。

② $f_X(x) \geqslant 0$。

③ S 的全部积分为 1，即

$$\int_S f_X(x)\,\mathrm{d}x = 1$$

对于可以积分的 $S' \subset S$，由于具有 $f_X(x) \geqslant 0$ 的性质，其积分值一定是 0 以上的数值。

$$p_X(X \in S') := \int_{S'} f_X(x)\,\mathrm{d}x \geqslant 0$$

子集的积分相对较小，取 $[0,1]$ 之间的数值。

$$p_X(X \in S') = \int_{S'} f_X(x)\,\mathrm{d}x \leqslant \int_S f_X(x)\,\mathrm{d}x = 1$$

因此，通过将概率密度函数积分得到的值 $p_X(X \in S')$，可以解释为事件 S' 的概率。离散概率变量有时也按照同样的习惯，将 $p_X(X \in \{x\}) = f_X(x)$ 记作 $p_X(X=x)$。

例如，X 从 $[a,b]$ 范围（$a<b$）中无偏差随机取值，而不取这个范围之外的值，这时概率密度函数可以很容易确定为

$$f_X(x) = \begin{cases} \dfrac{1}{b-a} & (x \in [a,b]) \\ 0 & (x \notin [a,b]) \end{cases}$$

实际上，由于 $S=\mathbb{R}$，

$$\int_{\mathbb{R}} f_X(x)\,\mathrm{d}x = \int_{[a,b]} \frac{1}{b-a}\,\mathrm{d}x = \frac{1}{b-a}\int_{[a,b]} \mathrm{d}x = 1$$

可以看出概率密度函数具有应该满足的性质。

假设 c 为 a 和 b 的中点，即 $c = a + \dfrac{b-a}{2}$，则事件 $S' := [a,c] \subset [a,b]$ 的概率为

$$p_X(X \in S') = \int_{[a,c]} \frac{1}{b-a}\,\mathrm{d}x = \frac{1}{b-a} \times (c-a) = \frac{1}{b-a} \times \frac{b-a}{2} = \frac{1}{2}$$

直觉上也能确认结果是正确的。这样的概率分布叫作均匀分布，记作 $u(x;a,b)$。

（3）独立性

对于 S 的取值概率变量 X 和 T 的取值概率变量 Y，可以把两个概率变量放在一起考虑，

即概率变量 (X,Y)。这个概率变量是从各自元素组成的集合 $S\times T:=\{(x,y)\mid x\in S,y\in T\}$ 中取值的概率变量，其概率分布 $p(x,y)$ 称为联合概率分布，概率密度函数（或概率质量函数）$f_{(X,Y)}$ 称为联合概率密度函数（或联合概率质量函数）。

概率变量 X 和 Y 是独立的，是指等式

$$f_{(X,Y)}(x,y)=f_X(x)f_Y(y)\quad(x\in X,y\in Y)$$

对于所有 x 和 y 成立。

当多个概率变量 $\{X_1,X_2,\cdots,X_n\}$ "彼此独立，并且都具有相同的概率分布"时，则称 $\{X_1,X_2,\cdots,X_n\}$ 独立同分布。

1）独立概率变量的例子。

准备两个完全相同的骰子，X，Y 分别表示两个骰子投掷时出现数字的概率变量。此时，无论投掷出什么样的 x，$y\in\{1,2,3,4,5,6\}$，都有

$$f_{(X,Y)}(x,y)=f_X(x)\times f_Y(y)=\frac{1}{6}\times\frac{1}{6}=\frac{1}{36}$$

成立，因此 X，Y 是彼此独立的概率变量。

2）非独立概率变量的例子。

假设 X 为明天日经平均股价的收盘价，Y 作为次日日经平均股价的收盘价。这些概率变量可以认为是 $\mathbb{R}$ 中取值的概率变量。很明显（虽然这么说，但是理论上证明这一点是不可能的），Y 的值受 X 值的影响。实际上，次日的开盘价依赖于 X，概率变量 Y 分布形状的变化，也取决于 X 值。因此，如 $f_{(X,Y)}(x,y)=f_X(x)\times f_Y(y)$ 所示，不能分解为两个密度函数。

（4）条件概率与贝叶斯定理

在某个事件发生的条件下，有时也需要考虑其他事件的发生。这时就轮到条件概率登场了。

假设给定两个概率变量 X，Y。在 X 取值 x_0 的条件下，条件概率分布 $p(Y\mid X=x_0)$ 密度函数由

$$f_{Y\mid_{X=x_0}}(y):=\frac{f_{(X,Y)}(x_0,y)}{f_X(x_0)}$$

确定的概率分布。两边同时乘以 $f_X(x_0)$ 可得

$$f_{(X,Y)}(x_0,y)=f_{Y\mid_{X=x_0}}(y)\times f_X(x_0)$$

$f_{Y\mid_{X=x_0}}(y)$ 在 $X=x_0$ 的条件下，考虑到表示 $Y=y$ 的密度，$p(Y\mid X=x_0)$ 和 $f_{Y\mid_{X=x_0}}(y)$ 的定义直觉上也是自然而然的。

后面将会详细介绍，有监督学习中主要使用的是 $p(Y\mid X=x_0)$。例如，在输入图像的时候，想象一下在构建一个判断画像是狗还是猫的机器学习模型。在这种情况下，假设 X 是随机选择动物图像信息（因此是连续概率变量），Y 是从表示图像是狗还是猫的离散集合 $S=\{狗,猫\}$ 中取值的概率变量。那么，$p(Y\mid X=x_0)$ 可以看作是在给出图像 x_0 时表示为狗/猫的

概率，更好的分类器就意味着更准确的 $p(Y \mid X=x_0)$。

关于条件概率，与机器学习有着密切关系的贝叶斯定理是指与概率密度函数（或者质量函数）相关的公式，即

$$f_{Y|_{X=x}}(y)=\frac{f_{X|_{Y=y}}(x)f_Y(y)}{f_X(x)}$$

这个公式在机器学习最基本的算法朴素贝叶斯中也有应用。导出非常简单，即

$$f_{Y|_{X=x}}(y)=\frac{f_{(X,Y)}(x,y)}{f_X(x)}=\frac{f_{X|_{Y=y}}(x)f_Y(y)}{f_X(x)}$$

（5）期望与方差

假设有 S 中取值的概率变量 X，其概率分布为 p_X，函数 g：$S\to\mathbb{R}$。定义 X 的期望 $\mathbb{E}_{X\sim P_X}[g(X)]$ 在 X 是离散概率变量的情况下为

$$\mathbb{E}_{X\sim p_X}[g(X)]:=\sum_{i\in S}g(i)f_X(i)$$

X 是连续概率变量的情况下为

$$\mathbb{E}_{X\sim p_X}[g(X)]:=\int_S g(x)f_X(x)\,\mathrm{d}x$$

上下文中可以明确 X 服从的分布时，也把期望记作 $\mathbb{E}[g(X)]$ 或者 $\mathbb{E}_X[g(X)]$。

另外，将 X 的方差 $\mathrm{Var}[g(X)]$ 定义为

$$\mathrm{Var}[g(X)]:=\mathbb{E}[(g(X)-\mathbb{E}[g(X)])^2]$$

从定义可以直观地看出，方差表示的是与 $g(X)$ 期望值的偏离度。

对于另一个 S' 中取值的概率变量 Y 和函数 h：$S'\to\mathbb{R}$，定义 $g(X)$ 和 $h(Y)$ 的协方差 $\mathrm{Cov}(g(X),h(Y))$ 为

$$\mathrm{Cov}(g(X),h(Y)):=\mathbb{E}[(g(X)-\mathbb{E}[g(X)])(h(Y)-\mathbb{E}[h(Y)])]$$

这是一个表示概率值 $g(X)$、$h(Y)$ 之间关系的数值。

1）离散概率变量示例。

假设有集合 $S=\{1,2,3,4,5,6\}$，X 表示没有偏差的骰子投掷数字概率。如果可以获得投掷出数字二次方后相应数值的钱，则对于相应函数 g：$S\to\mathbb{R}$，$i\mapsto i^2$，X 的期望为

$$\mathbb{E}_{X\sim p_X}[g(X)]=\sum_{i=1}^{6}\frac{1}{6}\times i^2=\frac{1+4+9+16+25+36}{6}=\frac{91}{6}\approx 15.2$$

表示投掷骰子时，平均可以得到 15.2 日元。方差计算可得

$$\mathrm{Var}[g(X)]=\sum_{i=1}^{6}\frac{1}{6}\times\left(i^2-\frac{91}{6}\right)^2\approx 149.1$$

2）连续概率变量示例。

假设 X 服从均匀分布 $u(x;a,b)$。这时，由于 $S=\mathbb{R}$，g：$\mathbb{R}\to\mathbb{R}$ 通常作为与输入值范围同样数值的恒等函数 $g(x):=x$ 应用。函数 g 的期望为

$$\mathbb{E}_{X\sim u(x;a,b)}[g(X)]=\int_{[a,b]}x\frac{1}{b-a}\mathrm{d}x=\frac{1}{b-a}\left[\frac{1}{2}x^2\right]_{x=a}^{x=b}$$

$$=\frac{1}{2(b-a)}(b+a)(b-a)=\frac{b+a}{2}$$

随机选择 $[a,b]$ 中的点时，都能直观地理解它的平均值大概就是那个正中间的点 $\frac{b+a}{2}$。

一般情况下，连续概率变量的恒等函数 $g(x)=x$ 的期望被称为平均值。

方差计算可得

$$\mathrm{Var}[g(X)]=\frac{(b-a)^2}{12}$$

3）Jensen 不等式。

下面介绍与期望相关的最基本的不等式——Jensen 不等式。

Jensen 不等式是指，对于连续概率变量 X 和所有的 $x\in\mathbb{R}$，满足 $f''(x)>0$ 的函数 f：$\mathbb{R}\to\mathbb{R}$，有不等式 $\mathbb{E}_X[f(X)]\geqslant f(\mathbb{E}_X[X])$。

如果 X 不是随机的，而是取同样的值，则 Jensen 不等式的等号成立。实际上当 $X=c\in\mathbb{R}$ 时，有

$$\begin{aligned}\mathbb{E}_X[f(X)]&=\mathbb{E}_X[f(c)]\\&=f(c)\\&=f(\mathbb{E}_X[c])\\&=f(\mathbb{E}_X[X])\end{aligned}$$

4）KL 散度。

给定两个概率分布 p，q，表示它们“距离”的最基本也是最重要的指标称作 KL 散度。p，q 的 KL 散度 $\mathrm{KL}(p,q)$ 为

$$\mathrm{KL}(p,q):=\mathbb{E}_{X\sim p}\left[\log\frac{p(X)}{q(X)}\right]$$

使用 Jensen 不等式可变形为

$$\begin{aligned}\mathrm{KL}(p,q)&=\mathbb{E}_{X\sim p}\left[-\log\frac{q(X)}{p(X)}\right]\\&\geqslant-\log\mathbb{E}_{X\sim p}\left[\frac{q(X)}{p(X)}\right]\\&=-\log 1\\&=0\end{aligned}$$

由上式可知，KL 散度具有 $\mathrm{KL}(p,q)\geqslant 0$ 的性质。KL 散度具有不对称性 $\mathrm{KL}(p,q)\neq\mathrm{KL}(q,p)$，在严格的数学意义上不是距离。但是它具有另一方面的性质，即

$$p=q\Leftrightarrow\mathrm{KL}(p,q)=0$$

也就是说 KL 散度是表示两个概率分布相近程度的重要指标。

(6) 边缘概率分布

当概率变量 X，Y 的概率密度函数（或者概率质量函数）为 f_X，f_Y 时，等式 $f_X(x)=\mathbb{E}_{Y\sim p(Y)}[f_{X|Y=y}(x)]$ 成立（该等式的证明使用了现代概率论基础的测量论中最基本的定理之一——富比尼定理）。这被称为概率变量 x 的关于概率变量 Y 的边缘分布。如果联合密度概率 $f_{X,Y}$ 已知，可以计算右边缘的期望值。

特别是 Y 是离散概率变量的情况下，概率分布 p_y 在 Y 取 y 时由期望的定义可得

$$f_X(x)=\sum_{y\in S}p_y\times f_{X|Y=y}(x)$$

(7) 梯度下降法

最后来学习本章将会出现的基本的概率分布。

1) Bernoulli 分布。

Bernoulli 分布是指概率变量 X 服从在 $S=\{0,1\}$ 两个值中随机取值的分布。用参数 $0\leqslant\theta\leqslant1$ 表示为

$$p(X=1)=\theta$$
$$p(X=0)=1-\theta$$

记作 $\mathrm{Bern}(x;\theta)$。

由于 $S\subset\mathbb{R}$，其期望和方差计算为

$$\mathbb{E}_{X\sim\mathrm{Bern}(x;\theta)}(X)=1\times\theta+0\times(1-\theta)=\theta$$
$$\mathrm{Var}[X]=(1-\theta)^2\times\theta+(0-\theta)^2\times(1-\theta)=\theta(1-\theta)$$

例如掷硬币的结果（正面或者反面）对应的概率变量等，可以按照 Bernoulli 分布来考虑。

2) 分类分布。

分类分布 Cat_π 是一般的 Bernoulli 分布，服从从 n 个值的 $S=\{1,\cdots,n\}$ 中随机取值的概率变量。具体用称作概率向量的参数 $\pi\in\{(\pi_1,\cdots,\pi_n)\in\mathbb{R}^n\mid\pi_0+\cdots+\pi_n=1\}$ 表示为

$$\mathrm{Cat}_\pi(X=i)=\pi_i\quad(i=1,\cdots,n)$$

例如，掷骰子的结果对应的概率变量可以按照分类分布考虑。

3) 正态分布。

正态分布又称作高斯分布，是最基本最重要的分布类型（见图 3.5）。由参数 $\mu\in\mathbb{R}$、$\sigma>0$ 表示为

$$\mathcal{N}(x;\mu,\sigma^2):=\frac{1}{\sqrt{2\pi\sigma^2}}\exp\left(-\frac{1}{2\sigma^2}(x-\mu)^2\right)$$

通过简单的计算可知，服从正态分布的概率变量的期望为 μ、方差为 σ^2。值得一提的是服从 $\mathcal{N}(x;0,1)$ 的概率分布称作标准正态分布。

由图 3.5 可以看出方差越大，偏差越小，平均值周围的密度越高。

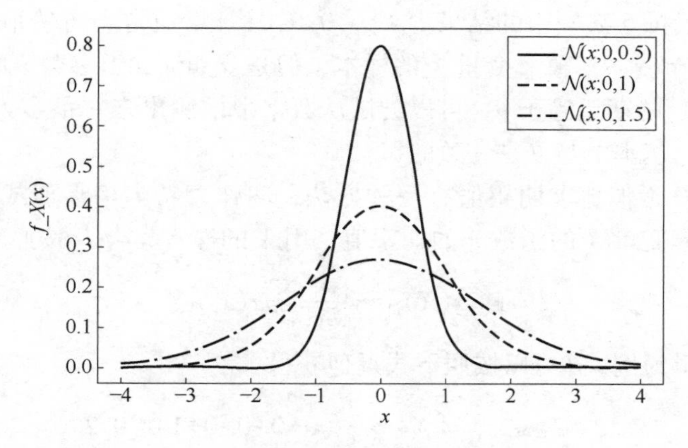

图 3.5　期望为 0 的正态分布图像

高斯分布在机器学习中经常出现，而且其应用方法也多种多样。高斯分布在数学上有很多优良的性质，因此测量误差（或者叫随机噪声）的分布也被假定为高斯分布。举个例子，由今天日经平均股价收盘价预测第二天收盘价 Y，$f(x)$ 的值由 x 决定，再加上服从标准正态分布的测量误差ϵ 作为 Y 的模型：$\tilde{Y}:=f(x)+\epsilon$

和 Bernoulli 分布一样，正态分布也有可以运用到多元中的一般形式。对于 n 元向量 $\boldsymbol{\mu}=(\mu_1,\cdots,\mu_n)\in\mathbb{R}^n$ 和对称正定矩阵 Σ 确定的 n 元正态分布，密度函数如下

$$\mathcal{N}(x;\boldsymbol{\mu},\Sigma):=\frac{1}{\sqrt{(2\pi)^n\det(\Sigma)}}\exp\left(-\frac{1}{2}\langle x-\boldsymbol{\mu},\Sigma^{-1}(x-\boldsymbol{\mu})\rangle\right)$$

这里，方阵 $\Sigma=(\sigma_{i,j})$ 是对称正定矩阵，指的是 $\sigma_{i,j}=\sigma_{j,i}$成立，加上所有的特征值是正实数。对称正定矩阵从其定义可知必定存在逆矩阵。单位矩阵 $\boldsymbol{I}_n$ 就是最基本的例子。

对于 $X=(X_1,\cdots,X_n)\sim\mathcal{N}(x;\boldsymbol{\mu},\Sigma)$ 各个元素的概率变量 X_i 服从均值为μ_i、方差为 $\sigma_{i,i}^2$的正态分布。

$$X_i\sim\mathcal{N}(x_i;\mu_i,\sigma_{i,i})$$

除此之外，X_i 和 X_j 的协方差 $\mathrm{Cov}(X_i,X_j)$ 为

$$\mathrm{Cov}(X_i,X_j)=\sigma_{i,j}$$

（8）期望值的蒙特卡洛近似

在现实问题中应用概率论时，经常会有想要计算期望值的情况，然而实际上计算期望值几乎是不可能的。

在实际操作中，现有的数据 $D=\{x_1,\cdots,x_m\}$ 可以认为是某个概率变量 X 的样本，但是如果不知道其概率分布的形状，就不能进行期望值的计算（离散概率变量的情况下取和，连续概率变量的情况下积分）。倒不如说，根据数据推测概率分布的形状是机器学习的主要目的。

试着思考一下投掷5次硬币的结果 $D=\{0,0,0,0,1\}$。通常会自然地认为这个数据是服从 Bernoulli 分布 $\mathrm{Bern}(x;\theta)$ 概率变量 X 的样本，但是要如何知道参数 θ 呢？

因为 $\mathrm{Bern}(x;\theta)$ 的期望等于 θ，可以尝试从数据中推测出来。很多人会马上想到，“取所有样本的平均值，基本上与 θ 是一致的”。

用现有的数据 D 近似地求期望值有一种方法，叫作蒙特卡洛近似或蒙特卡洛积分。关于从 S 中取值的概率变量 X 的函数 g 的期望值，用 X 的样本集合 D 按照下式近似求取：

$$\mathbb{E}[g(X)] \approx \frac{1}{N} \sum_{i=1} g(x_i)$$

以刚才的掷硬币为例，θ 可以按照下式近似获得：

$$\theta=\mathbb{E}_{X\sim\mathrm{Bern}(x;\theta)}[X] \approx \frac{1}{5}(0+0+0+0+1)=0.2$$

右边的计算正是“所有样本的平均值”，“如果取得所有样本的平均值，基本上和 θ 就是一致的”这种自然而然的想法显然在数学上也是合理的。一般来说，像这样使用样本平均值作为蒙特卡洛近似值叫作样本均值。

蒙特卡洛近似在数学上是什么意义的近似，又是什么程度的近似，这是一个非常有趣的问题。这些问题和概率论最基本的定理——中心极限定理和大数定理密切相关，但是鉴于超出了本章的范围暂且省略。

3.2　机器学习的基础

本节介绍机器学习的基础，将重点介绍何为有监督学习、何为无监督学习，以及它们的目的是什么等。

3.2.1　机器学习的目的

读者应该都听说过“有监督学习”和“无监督学习”。在介绍具体的算法之前，先从数学的角度认识一下它们的差异和机器学习的思考方式。

机器学习的目的主要分为以下两种：

1）分析输入。

2）分析输入和与之对应输出的关系。

这两种就分别称为

- 无监督学习
- 有监督学习

备忘录　半监督学习

被称作半监督学习的机器学习算法也存在，至今仍被持续研究着。

接下来一起看看它们分别对应的数理问题。

3.2.2　技术性的假设和用语

不管有无监督，机器学习的目的都是分析输入或者输出的数据。正如 3.1 节所提到的，本章认为“使用机器学习作为分析对象的数据是其背后概率变量的样本”。换句话说，对于准备好的数据 $D=\{z_1,\cdots,z_N\}$，背后存在概率变量 Z_1，…，Z_n，z_i 是 Z_i 的样本。

本章中所使用的机器学习算法，数据 $D=\{z_1,\cdots,z_N\}$ 服从独立同分布 p，也就是假设对于所有的 i、j，$Z_i=Z_j$ 成立。根据这样的假设，机器学习的目的相当于“分析所有的数据样本服从单一的概率分布 p”，问题也会变得简单一些。目前为止，机器学习的理论框架都在假定独立同分布的基础上得到了很大的发展。(见备忘录)

备忘录　独立同分布的假定

当然，除了这样的假定以外，其他的研究如时间序列分析也很盛行。

几乎所有只有数据 D 的情况下，都无法知道数据中各个样本服从的分布 $p(X)$ 的形式和公式。因此 $p(X)$ 被称作真分布。

为了分析真分布 $p(X)$，有时会从某种意义上把 p 近似为分析者制定的概率分布 $q(X)$，这个过程称作建模，$q(X)$ 则是模型。很多情况下，模型由参数 $\theta\in\mathbb{R}^n$ 决定，所以特别把 θ 称为模型参数，为了强调 θ 记为 $q_\theta(X)$。例如，作为连续概率变量 X 的模型，当使用多维正态分布 $\mathcal{N}(x;\mu,\Sigma)$ 时，模型 q 根据均值 μ 和协方差矩阵 Σ 的参数 $\theta=(\mu,\Sigma)$ 表示为 $q_{(\mu,\Sigma)}(X=x)=\mathcal{N}(x;\mu,\Sigma)$。模型参数的集合称为假设空间或参数空间，其大小称为模型容量或模型大小。

那么怎样才能得到在假设空间中更容易探索的参数模型，或者说怎样才能得到更好的模型呢？描述模型好坏的指标很大程度上依赖于分析者使用的机器学习算法，最基本的指标叫作似然。数据 $D=\{x_1,\cdots,x_N\}$ 对应模型 q_θ 的似然值为

$$\prod_{x\in D}q_\theta(X=x)=q_\theta(X=x_1)\times q_\theta(X=x_2)\times\cdots\times q_\theta(X=x_N)$$

各项 $q_\theta(X=x)$ 都是样本 x 中概率密度函数（这是连续型概率变量的情况，离散型概率变量的情况下称为概率质量函数）的值（样本的似然），这个值越大，则生成样本 x 的概率越大，因此可以解释为越是这样的模型获得数据的概率就越大。实际上不直接使用似然，而是使用负的对数似然：

$$-\sum_{x\in D}\log q_\theta(X=x)$$

通过输入对数函数，样本似然的关系变成了和，在数学上变得容易处理。考虑到对数函数是单调增加，可以看出“似然最大化=负对数似然的最小化”。求似然最大化参数称为极大似然估计量，是机器学习和统计学中最基本的方法之一。

进行极大似然估计量，在假设空间中探索，寻找好的模型的过程叫作学习。

3.2.3　有监督学习概述

数据 $D=\{z_1,\cdots,z_N\}$ 的各个样本 z_i 中，用 x_i 表示输入变量，用 y_i 对应的输出变量（离

散的情况下也称为标签)，记作 $z_i=(x_i,y_i)$。

举个典型的例子，x_i 为图像，y_i 为表示这是什么图像的标签值的情况。更具体的例子，x_i 是8×8 手写数字的黑白图像，y_i 取 0~9 的值表示手写数字是哪个数。因为此时 x_i 是 8×8=64 像素的图像，对于 64 维的向量 $\boldsymbol{x}_i\in\mathbb{R}^{64}$，$y_i$ 可以看作离散集合 $\{0,1,\cdots,9\}$ 中的元素。

在这样的情况下，“当收到新的手写数字的图像，想要构建预测表示那个数字的模型”的话，怎么做才好呢。可以试着将手绘图像 x_i 服从的概率变量设为 X，将标签 y_i 服从的概率变量设为 Y。这时，分析者感兴趣的不是同时分布 $p(X,Y)$，而是给出 x 时 Y 的条件概率 $p(Y|X=x)$。因为如果能知道条件概率 $p(Y|X=x)$ 的真实分布，那么得到图像时标签的预测精度就会变得可靠。

这样，以输入变量 x 时输出 y 的概率分布 $p(Y|X=x)$ 为分析对象的机器学习算法被称为有监督学习。在实际问题中，$p(Y|X=x)$ 为真实分布无从得知。因此使用模型 $q_\theta(Y|X=x)$ 来探索能很好地解释数据的模型 $q^*(Y|X=x)$ 是非常有必要的。

所谓能够很好地说明数据的模型，是指在分析者定义的样本和模型中，参数 θ 等的值可以决定损失函数 $L(q_\theta,x,y)$ 的值，通过最小化全体样本的损失函数来确定最适合分析模型的参数。

换句话说，是对损失函数的均值 $L(\theta,D):=\frac{1}{N}\sum_{(x,y)\in D}L(q_\theta,x,y)$ 进行最小化的模型。通常损失函数是表示对于模型 q_θ 和样本 (x,y)，当 $X=x$ 时 y 从 Y 的条件概率分布中取值妥当程度的函数。作为损失函数的负平均对数似然函数如下所示

$$L(\theta,D)=-\frac{1}{N}\sum_{(x,y)\in D}\log q_\theta(Y=y|X=x)$$

以上就是损失函数最基础的一个例子。可以解释，由此得到的模型是数据生成概率最大的模型。

实际上，获得与最小值对应的参数的最小化算法也起着非常重要的作用。“使用模型和最小化算法对数据集进行损失函数最小化过程”本身也被称为“有监督学习”。然而，到底能否很好地说明现有数据的模型=优异的模型，还有待考证。

3.2.4　从泛化误差看有监督学习

在后续章节中，将会对各种有监督学习机器算法进行具体的考察，在此之前先学习泛化误差和过拟合这两个概念。

泛化误差只是单纯的数学概念（这么说可能会被质疑），对于实际问题不会直接考虑纯粹数学概念的泛化误差。但是，可以学习到在评价机器学习模型的重要思考方式（这里只涉及有监督学习，但是对于在无监督学习中直接推测输入数据的真实分布这一问题设定上也适用）。

（1）泛化误差

有监督学习的目的不只是要说明准备好的数据，更是要求对于手边没有的未知输入 x 的优异模型 $q_\theta(Y \mid X=x)$。如上所述，有监督学习的目的是通过算法探索损失函数 $L(q_\theta,D)$ 最小化的模型。由此得到的模型是有“对于准备好的数据，减少损失函数的值”意义的好的模型，但是仅以此还不能保证对于数据集中不存在的未知输入 x，$q_\theta(Y \mid X=x)$ 是优异的模型。

因此，导入的泛化误差是表示模型对于未知数据鲁棒性的实际数值。对于损失函数 L，模型 q 的泛化误差 $\mathrm{Err}(q)$ 定义为损失函数的期望值，即

$$\mathrm{Err}(q):=\mathbb{E}_{(X,Y)}[L(q,X,Y)]\in\mathbb{R}$$

泛化误差的大小称为模型的泛化性能。从定义来看，泛化误差表示如下：

1）用于学习的数据集与独立获得的样本对应损失函数值的平均值。

2）对所有可用数据的匹配度。

与现有数据集损失函数值的平均值相比，泛化误差明显是更好的模型评价指标。因此，把有监督学习当作探索泛化误差 $\mathrm{Err}(q_\theta)$ 最小化的模型参数是最合适的。

需要注意的是，“泛化误差是不可计算的量”。因为对于要取的概率变量真实分布的期望值，如前所述其真实分布通常无法得知。

（2）泛化误差近似的数据

为了使不可计算的泛化误差最小化，考虑用可计算的量近似。因此需要目前为止多次用到的数据 $D=\{(x_i,y_i)\}_{i=1}^N$。数据中的每一个样本 (x,y) 都是从真实分布 $p(X,Y)$ 中独立得出的样本，这是机器学习的基本假设，因此可以使用泛化误差定义中期望值的蒙特卡洛近似。

$$\mathrm{Err}(q_\theta)=\mathbb{E}_{p(X,Y)}[L(q,X,Y)]\approx\frac{1}{N}\sum_{(x,y)\in D}L(q,x,y)$$

从这个近似中可以理解，像最开始提到的有监督学习的定义，也就是探索能使现有数据损失函数值的平均值最小化的模型参数是最合适的。

然而，有一个疑问浮现出来。即用于学习的数据近似获得的泛化误差最小化模型真的是最小化泛化误差的模型吗？也就是说，使用单个数据近似值的最小化结果有可能不能与最小化泛化误差相关联。

实际上，分析者需要经常注意的是，最小化单个样本的损失函数反而会增大泛化误差，这样的现象叫作过拟合（见图3.6）。

图3.6指的是通过加上20阶函数标准正态分布噪声的密度函数，预测 y 值的模型，两种不同算法的学习结果。与算法0相比，算法1对训练数据有更好的应用，另一方面，与训练数据相距远的点 x 的预测却大幅度偏离，不能说算法1得到的模型泛化性能很高。

现在对以下两个问题还没有明确的答案：

1）怎样才能防止过拟合？

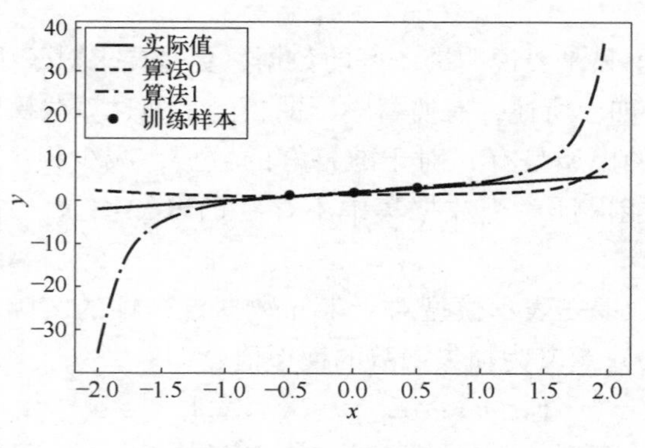

图 3.6　过拟合的例子

2）怎样才能知道是否过拟合？

对于问题 1），这是如何设计学习算法和假设空间这一层面的话题，现在仍然被活跃研究着。例如，在被称为正则化的方法中，可以在学习时的损失函数值上下功夫防止过拟合。

对于问题 2），通常会对学习时使用的数据和独立数据得出的模型 q_1，q_2 进行泛化性能分析，从而评价哪一个是优秀的预测模型。独立数据被称为测试数据。

今后，学习时使用的数据称为训练数据，学习时使用的数据集——独立性能评价用到的数据称为测试数据。

从用数据近似泛化误差的观点来看，测试数据的样本数量越多越好，但是实际得到的数据数量有限。因此训练数据和测试数据的样本数之间存在着折中关系，平衡这两者是非常困难的问题。

例如，测试数据的样本数少，测试数据的泛化误差近似性能低，因此不能正确评价泛化性能。相反，训练数据的样本数少，泛化性能的评价虽然是正确的，但由于用于学习的样本少，因此很难得到性能良好的模型。

（3）模型容量和过拟合之间的关系

下面介绍模型容量，也就是假设空间的大小与过拟合之间的关系。

在有监督学习中探索假设空间，使训练数据对应的损失函数最小化。因为模型容量越大，就意味着搜索范围越广，所以很容易使得损失函数变小。

模型容量越大，就越能模拟更多的概率分布，能够应对复杂的真实分布问题，这虽然是好事，但是也不一定是这样。如上所述，如果训练数据应用得太好的话，就会出现过拟合。另一方面，为了防止过拟合，模型容量过小的话，又无法很好地近似真实分布。这种与过拟合相反的现象称作欠拟合。在这样的背景下，采用与有监督学习解决任务的难度和能够准备的训练数据的样本数相对应容量的模型就尤为重要（见图 3.7）。

图 3.7 中考虑到参数的数量，n 越大，模型容量越大，$n=1$ 时为未学习，而 $n=15$ 时由于参数过大而出现过拟合。

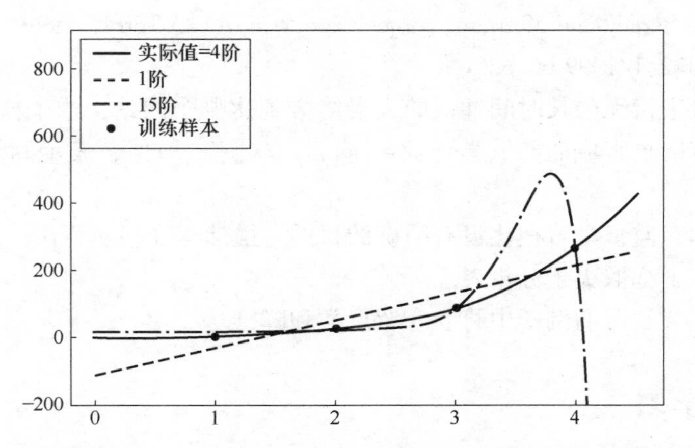

图 3.7　$n=1,4,15$ 时分别对应的 n 阶函数使用相同的数据、损失函数、最小化算法学习的结果

像这个例子，选择刚刚好的模型是很重要的，但是在不知道真实分布的实际问题中，除了摸索着寻找之外没有别的办法。或许在某个问题上，线性的简单模型就足够了，而另一个问题上可能拥有 100 万次项的多项式模型才是正好的模型。分析者要经常注意的是，权衡“模型容量（即探索范围的广度）”和“容易过拟合”之间的关系，以寻找合适的模型。

3.2.5　无监督学习概述

试着想一下，与有监督学习不同，数据 D 中没有提供与输入变量对应的输出变量的情况。这种情况下，目的是分析数据 $D=\{z_1,\cdots,z_N\}$ 本身的性质和构造。换言之，可以思考一下“虽然不知道真实分布的公式和形状，但能否从数据中获得 $p(X)$ 的某些特征，能否从中得到一些启示”。在这种没有提供输出变量的状态下，分析真实分布 $p(X)$ 的方法被称为无监督学习。例如，让硬币的正反分别对应 1，0，由 5 次掷硬币的结果得到数据 $D=\{0,0,0,0,1\}$。这时假设数据是服从 $p(X)=\text{Bern}(x;\theta)$ 的概率变量 X 的样本集合最合适。Bernoulli 分布由参数 θ 决定，数据也由 θ 推测。根据 3.1 节的内容，θ 与 $\text{Bern}(x;\theta)$ 的期望值相等，由蒙特卡洛近似可以推测：

$$\theta=\mathbb{E}_{X\sim\text{Bern}(x;\theta)}[X]\approx\frac{1}{5}(0+0+0+0+1)=0.2$$

也就是说，这就是生成数据的概率分布 $p(X)$ 与 $\text{Bern}(x;0.2)$ 大致相等这个假设的根据。如果在这个数据的基础上玩掷硬币正反游戏的话，推测 θ 值 $0.2<0.5$，全部赌反面的话胜率就会上升。

一跃成为 Google 最核心算法的 PageRank，是计算网页重要性的算法之一，也是一种无监督学习算法。

(『The PageRank Citation Ranking: Bringing order to the Web. Stanford InfoLab』(Page,

Lawrence and Brin, Sergey and Motwani, Rajeev and Winograd, Terry, 1999、URL http://ilpubs.stanford.edu:8090/422/1/1999-66.pdf)

通过网页链接进行无限长时间冲浪的人最终会到达哪个网站，这个概率就是 PageRank。相当于分析由所有网页组成的离散集合 $W=\{w_1,\cdots,w_n\}$ 中取值，表示网络冲浪终点的概率变量 X 的分布。

无监督学习和有监督学习相比没有明确的目的。虽然存在很多算法，但是其结果的解释和应用各种各样，全都取决于分析者。

本章关于无监督学习的例子中将会介绍聚类和降维。

3.3　有监督学习

本节将来学习有监督学习。在这一节中，不仅会解释具体的算法，也会介绍算法的理论背景。

接下来将会把重点放在理论方面，针对有监督学习的具体模型和算法进行学习。有监督学习的问题主要可以分为以下两类：

1）分类问题：输出变量对应的概率变量 Y 是离散概率变量情况下的有监督学习问题。

2）回归问题：输出变量对应的概率变量 Y 是连续概率变量情况下的有监督学习问题。

本章只涉及前面的分类问题。这是因为大多数与机器学习相关的实际问题是分类问题，而且在数学上分类问题比回归问题设定简单。虽然如此，但两者在本质上都是同样的问题，大部分有监督学习模型通过改变后对这两类问题都适用。

这里介绍的有监督学习算法和模型中，有现阶段实际操作频繁使用且非常重要的三个设定：

1）线性（逻辑回归）模型。

2）梯度提升决策树。

3）神经网络。

理由如下：

1）通过更深入地理解这三个方面，可以培养自己理解其他模型和算法的能力。

2）其他具有代表性的算法在其他许多书籍中已经有了解说。

在 scikit-learn 中安装的有监督学习模型几乎都可以通过 API 来执行学习和预测。这里首先解说分类问题中模型的基本精度评价方法，再重点介绍各种模型和算法的理论方面，然后说明使用通用 API 的具体安装方法。

在进入本篇之前，作者在这里再次明确本节使用的分类问题中有监督学习的设定和目的。输入变量为由 $\mathbb{R}^n$ 取值的连续概率变量 X，输出变量为对应的离散集合 S 中取值的离散概率变量 Y。假设服从同时概率变量 (X,Y) 的样本为数据 $D=\{(x_1,y_1),\cdots,(x_N,y_N)\}$。在此基础上的目的是建立一个模型 $q(Y\mid X=x)$，可以精确地近似给定服从 X 的新样本 x 时，Y

的条件分布 $p(Y \mid X=x)$。

3.3.1　分类模型的精度评价

在进入更具体的算法解说之前，这里先介绍分类问题中有监督学习模型（以下称为分类模型）的精度评价方法。

（1）实用的模型

在有监督学习中，分析者的真正目的是定义一个损失函数 L，构建使其泛化误差最小化的模型 q_θ。另外，为了使不可计算的泛化误差最小化，将已有数据分为训练数据和测试数据，用训练数据进行模型搜索，然后用测试数据近似泛化误差、评价模型，有一系列的流程。以下把训练数据记作 D_{train}、测试数据记作 D_{test}。

然而，仅仅测量分析者随意定义的损失函数的泛化误差，就真的足够构建模型吗？例如，当损失函数使用负对数似然 $-\log q_\theta(Y \mid X=x)$ 时，学习结果得到的两个模型参数 θ_1 的值为 0.0300、θ_2 的值为 0.0301。如果认为给定损失函数相关的泛化误差是唯一的精度评价指标的话，θ_2 是更好的模型。如果给的损失函数不合适的话则结论是错误的，实际把这个模型应用到产品和服务中的话就无法挽回了。幸运的是，在分类问题中存在独立于损失函数又容易解释的精度评价指标。

（2）预测值和评价函数

根据分类模型 q，将输入变量 $x \in \mathbb{R}^n$ 对应的预测值 $\hat{y}_x$（或预测标签）定义为

$$\hat{y}_x := \underset{i \in S}{\operatorname{argmax}} \, q(Y=i \mid X=x)$$

即采用模型输出变量的条件概率最高的预测值。

将测试数据 $D_{\text{test}} = \{(x, y_x)\} \subset \mathbb{R}^n \times S$ 的各个输入变量的预测值和实际标签的集合（预测集合（这是只在本书中使用的词语））记作

$$D_{\text{pred}}(q) := \{(\hat{y}_x, y_x) \in S \times S \mid (x, y_x) \in D_{\text{test}}\}$$

评价函数是指，表示对数据 $D_{\text{pred}}(q)$ 分类模型 q 预测优异程度的值 $\mathcal{M}(D_{\text{pred}}(q))$ 对应的函数，确定评价函数 $\mathcal{M}$ 时，对于两个分类模型 q_1，q_2，有

$$\mathcal{M}(D_{\text{pred}}(q_q)) < \mathcal{M}(D_{\text{pred}}(q_2))$$

则可以得到结论“模型 q_2 比 q_1 更好”。如果不通过数据 D 的特性和问题设定来确定适当的评价函数，也有可能导致错误的结论，因此理解各种评价函数的特性，并且使用多个评价函数非常重要。

（3）代表性的评价函数——二值分类问题

当 $\#S=2$ 时，即考虑二值分类问题，简单记作 $S=\{0,1\}$。首先是最基本且易懂的评价函数准确率（Accuracy），即

$$\text{Accuracy}(D_{\text{pred}}(q)) := \frac{\#\{(\hat{y}_x, y_x) \in D_{\text{pred}}(q) \mid \hat{y}_x = y_x\}}{\#D_{\text{test}}}$$

换句话说，是预测集合中预测标签与实际标签一致的比例。例如，测试集合的标签为（0,1,0,1,0），对应的预测标签为（0,1,0,0,0）时，$D_{\text{pred}}=\{(0,0),(1,1),(0,0),(1,0),(0,0)\}$，5 个中有 4 个标签一致，所以准确率计算为

$$\text{Accuracy}(D_{\text{pred}})=4/5=0.8$$

读者也许觉得准确率是直观易懂，计算也容易的指标，不过同样需要注意。前面的例子是测试数据中包含的标签中 0 和 1 数量相等的情况，也就是下式成立最基本的情况：

$$\#\{(x,y)\in D_{\text{test}}\mid y=1\}=\#\{(x,y)\in D_{\text{test}}\mid y=0\}$$

这个方程式成立的数据称为平衡数据，不成立的数据称为不平衡数据。实际情况中，有监督学习提供的大多都是不平衡数据，关于其详细处理将在第 4 章中另行说明。

下面看一个例子，假设不平衡数据的样本标签为（1,1,1,1,1,1,1,1,1,0）。预测输出标签全为 1 的模型，其正确率为 9/10=0.9。而预测输出标签为（1,1,1,1,0,1,1,1,1,0）的模型，其正确率为 8/10=0.8。此时，预测全为 1 的没有实用性的模型，反而占据了优势。另外再对比一下“预测标签为 1 的样本中实际为 1 的样本比例”。此时，前者模型预测比例为 9/10=0.9，而后者模型比例为 8/8=1.0。直观来看，这个指标比正确率更能体现模型的优劣。这个指标称作精确率（Precision），即

$$\text{Precision}(D_{\text{pred}}(q)):=\frac{\#\{(\hat{y}_x,y_x)\in D_{\text{pred}}(q)\mid \hat{y}_x=y_x=1\}}{\#\{(\hat{y}_x,y_x)\in D_{\text{pred}}(q)\mid \hat{y}_x=1\}}$$

另外，与精确率相反，“实际标签为 1 的情况下，预测标签为 1 的比例”被称为召回率（Recall），即

$$\text{Recall}(D_{\text{pred}}(q)):=\frac{\#\{(\hat{y}_x,y_x)\in D_{\text{pred}}(q)\mid \hat{y}_x=y_x=1\}}{\#\{(\hat{y}_x,y_x)\in D_{\text{pred}}(q)\mid y=1\}}$$

由于精确率与召回率之间存在着折中关系，表示两者平衡的指标 F 值，即

$$2\cdot\frac{\text{Recall}(D_{\text{pred}}(q))\cdot\text{Precision}(D_{\text{pred}}(q))}{\text{Recall}(D_{\text{pred}}(q))+\text{Precision}(D_{\text{pred}}(q))}$$

也是代表性评价函数之一。正确地理解各种评价函数的特性，找出在眼前的问题中应该优化的函数是什么也是分析者的工作。

scikit-learn 中，有代表性的评价函数是在 sklearn. metrics 类中实现的。例如准确率通过使用 sklearn. metrics. accuracy_score 类，可以像清单 3. 20 计算。

清单 3. 20　准确率

In

```
from sklearn.metrics import accuracy_score

# 真实的标签
y_true = [0, 1, 0, 1, 0]
```

```
# 预测出的标签
y_predicted = [0, 1, 1, 1, 1]

print("Accuracy: ", accuracy_score(y_true, ➡
y_predicted))  # 5个预测中有3个正确，准确率为0.6
```

Out

```
Accuracy:  0.6
```

(4) 代表性的评价函数——多值分类

和二值分类完全一样，在任意数量的分类问题中也可以定义准确率。除此之外，每个标签准确率的平均值为平均准确率，即

$$\frac{1}{\#S}\sum_{i\in S}\frac{\#\{(\hat{y}_x,y_x)\in D_{\text{pred}}(q)\mid \hat{y}_x=y_x=i\}}{\#D_{\text{test}}}$$

同样地，对于各个标签的精确率、召回率、F 值的平均值，有宏精确率、宏召回率、宏 F 值。

3.3.2 逻辑回归

本小节介绍最初的分类模型——逻辑回归。逻辑回归虽然是最基本最经典的模型，但是现在也对实际问题广泛适用。由于输入变量的各个成分、也就是各个特征量没有相互作用的线性模型，所以逻辑回归有着对学习到的模型解释性高以及对大规模的数据容易操作的性质。

(1) 模型的定义

下面，对应输出的概率变量取值的集合设为 $S=\{1,\cdots,K\}$。使用 $2K$ 个参数 w_1，…，$w_K\in\mathbb{R}^N$ 和 b_1，…，$b_K\in\mathbb{R}$，输入 $x\in\mathbb{R}^n$ 对应的 Y 的条件分布模型为

$$q(Y=i\mid X=x):=\frac{\exp(w_i^Tx+b_i)}{\sum_{j=1}\exp(w_j^Tx+b_j)},\quad i=1,\cdots,K$$

取标签 i，j 比率的对数为

$$\log\frac{q(Y=i\mid X=x)}{q(Y=j\mid X=x)}=w_i^Tx+b_i-w_j^Tx-b_j$$

可知，标签的概率比与由输入 x 的线性函数构建的模型等价。当 $k=2$ 时，则有

$$\begin{aligned}q(Y=1\mid X=x)&=\frac{\exp(w_1^Tx+b_1)}{\exp(w_1^Tx+b_1)+\exp(w_2^Tx+b_2)}\\&=\frac{1}{1+\exp(-((w_1-w_2)x+(b_1-b_2)))}\\&=\text{sigmoid}((w_1-w_2)x+(b_1-b_2))\end{aligned}$$

$$q(Y=2 \mid X=x)=1-q(Y=1 \mid X=x)$$

用 $w=w_1-w_2$，$b=b_1-b_2$ 重置参数的话，可以变为二值分类中经常用到的逻辑回归模型的形式。

逻辑回归模型的优点是解释性很高。

当 $w_i=(w_{i1},\cdots,w_{in})\in\mathbb{R}^n$ 时，对各个标签的概率有贡献的是指数函数中的线性项，即

$$w_i^T x+b_i=w_{i1}x_1+\cdots+w_{in}x_1+b_i$$

输入变量的哪个成分（即哪个特征量）对概率有贡献，只要看参数就可以解释（见备忘录）。

备忘录　可以解释的内容

这里可以解释的是“根据逻辑回归模型学习的结果正确情况下各个变量的贡献”，必须注意的是特征量本身作为性质来解释是不合适的。

（2）损失函数

为了使用训练数据 $D=\{(x_1,y_1),\cdots,(x_N,y_N)\}$ 使之学习逻辑回归模型，必须设计损失函数。为了简化表示，规定各个输出标签 $y_i\in S$ 为

$$y_{ij}=\begin{cases}1 & (y_i=j)\\ 0 & (y_i\neq j)\end{cases}$$

代表性的损失函数交叉熵如下式所示

$$\begin{aligned}L(\theta)&=-\frac{1}{N}\sum_{i=1}^{N}\sum_{j=1}^{K}y_{ij}\log q(Y=j \mid X=x_i)\\&=-\frac{1}{N}\sum_{i=1}^{N}\log q(Y=y_i \mid X=x_i)\end{aligned}$$

最后的等式表示“最小化交叉熵=最大化训练数据的似然”。交叉熵本身来自信息理论，是表示概率分布之间距离的一个尺度，在这里解释为表示似然也无妨。

（3）正则化与制约条件最优化

3.2 节中谈到了模型容量，也就是假设空间的大小和过拟合的关联性。假设空间越大则越容易过拟合，所以选择合适的模型很重要。不仅限于逻辑回归模型，在学习时通过修改损失函数和优化算法来限制假设空间，防止过拟合的方法很多，这被称为正则化。

作为代表性的正则化方法，有在参数的 L^p 范数上加制约条件的 L^p 正则化。当参数 $\lambda>0$，学习时最优的损失函数为

$$\tilde{L}_\lambda(\theta):=L(\theta)+\lambda\|\theta\|_p^p$$

这是 L 本来的损失函数。L^p 正则化学习是求能最小化 $\tilde{L}_\lambda$ 的 θ，可以得知这相当于在限制 $\|\theta\|_p$ 大小的条件下寻找使 L 最小化的 θ。

假设实际给出 θ^* 时 $\tilde{L}_\lambda$ 的最小值，$\tau=\|\theta^*\|_p^p$。如果在 $\|\theta\|_p^p\leq\tau$ 条件下比 $L(\theta^*)$ 更小的值

θ^{**} 存在，根据定义有

$$\|\theta^{**}\|_p^p \leqslant \tau$$
$$L(\theta^{**}) < L(\theta^*)$$

则

$$\widetilde{L}_\lambda(\theta^{**}) = L(\theta^{**}) + \lambda\|\theta^{**}\|_p^p < L(\theta^*) + \lambda\|\theta^*\|_p^p = \widetilde{L}_\lambda(\theta^*)$$

成立。这与 θ^* 是 $\widetilde{L}_\lambda$ 的最小值相矛盾。结果表明 θ^* 是条件 $\|\theta\|_p^p \leqslant \tau$ 下 L 的最小值。相反的等价性超出了本章的范围这里不再展开，可以使用凸最优化的基本概念对偶来证明。

通过限制参数的范数，缩小假设空间防止过拟合是 L^p 正则化的目的，其历史很长，特别是 L^1 被称为 Lasso，L^2 被称为 Ridge。scikit-learn 中很多模型可以实现这两种正则化。

适用于 L^1 与 L^2 之间制约条件的 Elastic Net 也可以在 scikit-learn 中实现。Elastic Net 中当 $0 \leqslant \alpha \leqslant 1$，可以得到损失函数，即

$$\widetilde{L}_\lambda(\theta) := L(\theta) + \lambda(\alpha\|\theta\|_1 + (1-\alpha)\|\theta\|_2^2)$$

Elastic Net 和 L^p 正则化一样，可以表示在制约条件下与最优化问题相等。

摸索使用怎样的正则化手法也是分析者的重要任务。作者在这里简单介绍了各种正则化在数学上是如何解释的，需要努力解决眼前面对的问题。

（4）学习（最优化）算法

要学习逻辑回归，就必须使用最小化的交叉熵作为损失函数。不仅限于交叉熵，接下来将针对 scikit-learn 的逻辑回归模型的学习中使用的具有代表性的最小化函数进行说明。

首先考虑想要最小化的函数 f：$\mathbb{R}^n \to \mathbb{R}$，如下所示

$$f(x) = \frac{1}{N}\sum_{i=1}^{N} f_i(x_i) \cdots (*)$$

例如，交叉熵就是这样的函数。或者 L^p 正则化对应的函数 h：$\mathbb{R}^d \to \mathbb{R}$ 加上 $f(x)$ 也是考虑对象，即

$$\frac{1}{N}\sum_{i=1}^{N} f_i(x_i) + h(x)$$

这样的函数经过适当的变形可以标记（$*$）。

1）梯度下降法。

3.1 节中介绍的梯度下降法是函数最小化最基本的算法。复习一下，梯度下降法从初始值 x_0 开始，根据以下规则不断更新数值，从而达到最小值，即

$$x_{t+1} = x_t - \alpha_t f'(x_t) \quad (t = 0, 1, 2, \cdots)$$

在合适的条件下，取最小值记作 x^*，$f(x^*)$ 与 $f(x)$ 的差 $O(1/k)$ 可以逐渐收敛为 0，即

$$f(x^*) - f(x_k) = O(1/k)$$

梯度下降法虽然是比较好的方法，但是梯度的计算一般计算量很大，不怎么实用。尤其

是对于大数据，在让机器学习学习模型时出现的损失函数大多是前面（ * ）形式的函数，如果 N 大的话，更新一次值会花费很多的计算时间。实际上那时的梯度 $f'(x_t)$ 必须计算 N 个的微分，即

$$f'(x_t)=\frac{1}{N}\sum_{i=1}^{N}f'_i(x_t)$$

因此，有“在某种程度上逃避瓶颈梯度计算，以最小化为目标的算法”的说法。

2）概率梯度下降法。

概率梯度下降法通常称为 SGD，是梯度下降法中最基本且最重要的一种。在 SGD 中，不是一次更新就对所有的 N 个 $f_i(x_t)$ 计算梯度，而是随机选择比 N 小很多的 M 个来计算梯度。具体来说随机选择各 t 对应的 $T=\{t_1,\cdots,t_M\}\in\{1,\cdots,N\}$ 更新参数，即

$$x_{t+1}=x_t-\frac{\alpha_t}{M}\sum_{i=1}^{M}f'_{t_i}(x_t)\quad(t=0,1,2,\cdots)$$

随机选择 M 个的合理性在于，当把 $g(T):=\frac{1}{M}\sum_{i=1}^{M}f'_{t_i}(x_t)\in\mathbb{R}$ 看作概率变量时，可以保证下式成立：

$$\mathbb{E}_T[g(T)]=\frac{1}{N}\sum_{i=1}^{N}f'_i(x_t)\cdots(*)$$

具有这样性质概率变量的实现值（此时实际计算的 $\frac{1}{M}\sum_{i=1}^{M}f'_{t_i}(x_t)$）称作不变推定量。实际上，$g(T)$ 是 $f'(x_t)$ 的不变推定量，可以证明如下。

要注意期望 $\mathbb{E}_T[g(T)]$ 是“$\{1,\cdots,N\}$ 中随机选择 M 个”这样概率变量 $T=(t_1,\cdots,t_M)$ 的函数 g 对应的期望值。T 取值的集合是从 N 个取出来的 M 个数字全体 ${}_N\mathrm{C}_M$。因此由前面的（ * ）式可以推出：

$$\begin{aligned}
\mathbb{E}_T[g(T)]&=\frac{1}{M}\mathbb{E}_T\left[\sum_{i=1}^{M}f'_{t_i}(x_t)\right]\\
&=\frac{1}{M}\frac{1}{{}_N\mathrm{C}_M}\sum_{i=1}^{N}f'_i(x_t)\times{}_{N-1}\mathrm{C}_{M-1}\\
&=\frac{1}{M}\sum_{i=1}^{N}\frac{1}{{}_N\mathrm{C}_M}\times{}_{N-1}\mathrm{C}_{M-1}\times f'_i(x_t)\\
&=\frac{1}{M}\sum_{i=1}^{N}\frac{M!(N-M)!}{N!}\frac{(N-1)!}{(M-1)!(N-M)!}f'_i(x_t)\\
&=\frac{1}{M}\sum_{i=1}^{N}\frac{M}{N}f'_i(x_t)\\
&=\frac{1}{N}\sum_{i=1}^{N}f'_i(x_t)
\end{aligned}$$

如上所述，在SGD中使用应计算梯度的不变推定量$g(T)$，随机进行最优化。在适当的条件下，SGD与梯度下降法有相同的收敛性，可用下式使用期望值来表示：

$$f(x^*)-\mathbb{E}[f(x_k)]=O(1/k)$$

SGD在期望值上与梯度下降法具有相同的收敛性，但更新时使用的梯度只是推测值，如果分散较大，则在实际优化时收敛速度会变慢。

3) SAG/SAGA。

为了减小使用SGD过程中梯度推定量的分散，随机平均梯度法（Stochastic Average Gradient，SAG）和改进的随机平均梯度法（Stochastic Average Gradient Advance，SAGA）这两种方法被提出。在这两种算法中，首先计算初始点x_0的梯度后，将其保存在储存器中。之后，每一步$t=1, 2, 3, \cdots$只需更新随机选择$i\in\{1,\cdots,N\}$的梯度值，i_t之外样本相关梯度使用储存器中保存的过去梯度计算。

对于各个$i\in\{1,\cdots,N\}$，第t次更新计算得到的最终f_i的梯度记作$\phi_i^t\in\mathbb{R}^n$。使用SAG更新数值如下所示：

$$x_{t+1}=x_t-\alpha_t\left[\frac{f'_{i_t}(x_t)-f'_{i_t}(\phi_{i_t}^t)}{N}+\frac{1}{N}\sum_{i=1}^{N}f'_i(\phi_i^t)\right]\quad(t=0,1,2,\cdots)$$

在这里，$i_t\in\{1,\cdots,N\}$是随机取值。SAG得到的梯度推定量不是不变推定量。修正过后SAGA可以如下式所示更新数值：

$$x_{t+1}=x_t-\alpha_t\left[f'_{i_t}(x_t)-f'_{i_t}(\phi_{i_t}^t)+\frac{1}{N}\sum_{i=1}^{N}f'_i(\phi_i^t)\right]\quad(t=0,1,2,\cdots)$$

SAGA的推定量是不变推定量，可以由下式确定：

$$\begin{aligned}&\mathbb{E}_{t_i}\left[f'_{i_t}(x_t)-f'_{i_t}(\phi_i^t)+\frac{1}{N}\sum_{i=1}^{N}f'_i(\phi_i^t)\right]\\&=\mathbb{E}_{t_i}[f'_{i_t}(x_t)]-\mathbb{E}_{t_i}[f'_{i_t}(\phi_{i_t}^t)]+\frac{1}{N}\sum_{i=1}^{N}f'_i(\phi_i^t)\\&=\frac{1}{N}\sum_{i=1}^{N}f'_i(x_t)-\frac{1}{N}\sum_{i=1}^{N}f'_i(\phi_i^t)+\frac{1}{N}\sum_{i=1}^{N}f'_i(\phi_i^t)\\&=\frac{1}{N}\sum_{i=1}^{N}f'_i(x_t)\end{aligned}$$

由于证明SAG/SAGA共同削减分散的方法这部分内容超出了本书的范围，这里不再详细介绍，感兴趣的读者可以阅读备忘录里的论文。

备忘录 SAG/SAGA相关论文

- 『SAGA: A Fast incremental Gradient Method With Support for Non-strongly Convex Composite Objectives.』
(Defazio, Aaron, Francis Bach, and Simon Lacoste-Julien. Advances in neural information processing systems. 2014)
URL https://www.di.ens.fr/~fbach/Defazio_NIPS2014.pdf

（5）scikit-learn 的实现

以上介绍的算法都是可以在 scikit-learn 中实现的算法。sklearn. linear_model. LogisticRegression 类中，不进行 SAG/SAGA 正则化的逻辑回归模型的学习是可能的。可以在 L^1 正则化时只使用 SAGA、L^2 正则化时只使用 SAG。sklearn. linear_model. SGDClassifier 类中，$M=1$ 的 SGD 学习是可能的，使用包含 L^1/L^2 正则化的 Elastic Net 正则化也是可能的（见清单 3. 21）

清单 3. 21　scikit-learn 实现示例㊀

In

```
import numpy as np
from sklearn.linear_model import LogisticRegression
from sklearn.linear_model import SGDClassifier

# 创建Toy数据
X = np.random.normal(0, 1, (100, 10))
y = np.random.randint(0, 2, (100,))

# 利用SAGA的L^1正则化创建模型实例
l1_logistic = LogisticRegression(solver='saga', penalty=➡
'l1', max_iter=100)

# 利用SGD的L^2正则化创建模型实例
l2_logistic = SGDClassifier(penalty='l2', max_iter=100)

# 学习
l1_logistic.fit(X, y)
l2_logistic.fit(X, y)

# 输出预测值
X_test = np.random.normal(0, 1, (10, 10))
print("L^1 + SAGA: ", l1_logistic.predict(X_test))
print("L^2 + SGD: ", l2_logistic.predict(X_test))
```

Out

```
L^1 + SAGA:  [0 1 1 1 1 0 1 1 1 1]
L^2 + SGD:  [0 0 1 1 0 1 1 1 1 0]
```

3. 3. 3　神经网络

接下来，将对最近深度学习热潮的神经网络的基本模型之一——多层神经网络进行

㊀ 由于使用了随机数，输出结果可能不同。

解说。

用多层神经网络进行分类的模型，线性函数逻辑回归中标签的概率比为

$$\log\frac{q(Y=i\mid X=x)}{q(Y=j\mid X=x)}=w_i^Tx+b_i-w_j^Tx-b_j$$

可以拓展到更常见非线性函数 $\mathrm{NN}(x)$ 的输出。

正如很多书籍和报道中介绍的一样，最近深度学习的热潮主要是由于计算机的发达，与之相伴的 CNN 和 GAN 等复杂模型学习变得容易了，但是这些内容超过了本书的范围，在此不介绍这些模型。

感兴趣的读者可以阅读以下内容。

- 『Deep Learning』(Ian Goodfellow and Yoshua Bengio and Aaron Courville, MIT Press, 2016)

（1）模型的定义

神经网络中采用线性变换（更准确地说是仿射变换），它是非线性函数和激活函数的复合函数。线性变换的次数为 L，且 $L>0$，每一次线性变换的目标维度为 d_1，…，d_L。其中 d_0 和 d_L 分别为神经网络的输入/输出变量的维度，$d_0=n$，$d_L=K$。

对于每一个线性函数 f_l：$\mathbb{R}^{d_{l-1}}\to\mathbb{R}^{d_l}$，其输出由 $d_l\times d_{l-1}$ 的矩阵 $\boldsymbol{W}_l$ 和向量 $\boldsymbol{b}_l\in\mathbb{R}^l$ 表示为 $f_l(x)=\boldsymbol{W}_lx+\boldsymbol{b}_l$。然后输入至后面介绍的激活函数单元 $\boldsymbol{\sigma}$：$\mathbb{R}^{d_l}\to\mathbb{R}^{d_l}$中。

通过搭建这样的神经网络 NN：$\mathbb{R}^n\to\mathbb{R}^K$，可以实现分类模型。

$$\mathrm{NN}(x):=\mathrm{softmax}\circ f_L\circ\boldsymbol{\sigma}\circ f_{L-1}\circ\boldsymbol{\sigma}\circ\cdots\circ f_2\circ\boldsymbol{\sigma}\circ f_1(x)$$

换句话说，神经网络将线性变换 f 和激活函数 $\boldsymbol{\sigma}$ 的复合变换交替执行，并输入 softmax 函数中，从而解释为概率分布模型。

$$\mathbb{R}^n=\mathbb{R}^{d_0}\xrightarrow{f_1}\mathbb{R}^{d_1}\overset{\sigma}{\curvearrowright}\mathbb{R}^{d_1}\xrightarrow{f_2}\mathbb{R}^{d_2}\overset{\sigma}{\curvearrowright}\mathbb{R}^{d_2}\xrightarrow{f_3}\cdots\xrightarrow{f_L}\mathbb{R}^{d_L}=\mathbb{R}^K\xrightarrow{\mathrm{softmax}}\mathbb{R}^K$$

$L=1$ 的情况下，由于是逻辑回归本身，因此也可以认为是逻辑回归的一般情况。据说神经网络是直观地模仿人类大脑神经元的结构，但是在解决机器学习问题上，这些解释都没有意义。

神经网络只是一个非线性转换的队列，当然不是“代替人类大脑”这样的代替品。

NN 应该学习的参数是 W_1，…，W_L，b_1，…，b_L，因此一般损失函数与逻辑回归的情况有着同样的交叉熵，即

$$L(\theta)=-\frac{1}{N}\sum_{i=1}^{N}\log\mathrm{NN}_i(x)$$

在这里 $\mathrm{NN}_i(x)$ 是 $\mathrm{NN}(x)$ 的第 i 个成分。

线性变换的数量 L 越增加，而且各个目的地的维数越增加，假设空间就越大，NN 就可以表现出更多且复杂的概率分布。另外，需要注意的是，损失函数也随之变成复杂的函数，很难找到最优解。

（2）激活函数

作为用于 NN(x) 模型定义的激活函数，scikit-learn 中可用的除了 sigmoid 函数之外，还有以下几种函数（见图 3.8）。

恒等函数

$$\mathrm{id}: \mathbb{R} \to \mathbb{R},\ x \mapsto x$$

双曲正切函数

$$\tanh: \mathbb{R} \to \mathbb{R},\ x \mapsto \frac{e^{x}-e^{-x}}{e^{x}+e^{-x}}$$

Relu 函数

$$\mathrm{Relu}: \mathbb{R} \to \mathbb{R}, x \mapsto \max(x, 0)$$

在神经网络中，将这些函数 f: $\mathbb{R} \to \mathbb{R}$ 扩展到任意维度 $m>0$，则有

$$\mathbb{R}^{m} \to \mathbb{R}^{m},\ \begin{pmatrix} x_1 \\ x_2 \\ \vdots \\ x_m \end{pmatrix} \mapsto \begin{pmatrix} f(x_1) \\ f(x_2) \\ \vdots \\ f(x_m) \end{pmatrix}$$

用作激活函数 σ。

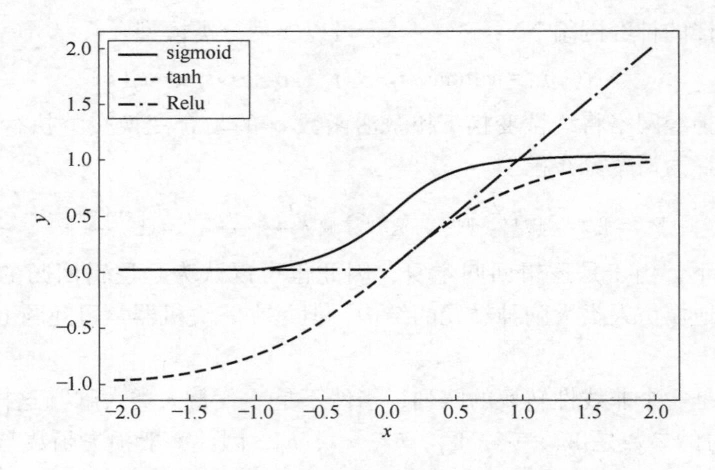

图 3.8　sigmoid(x)，tanh(x)，Relu(x) 函数图像

1）Adam。

在 scikit-learn 中，神经网络的学习可以用到除了 SGD 之外被称作 Adam 的强大又最合适的算法。

- **『ADAM: A METHOD FOR STOCHASTIC OPTIMIZATION』**
  （Diederik P. Kingma, Jimmy Lei Ba, arXiv preprint arXiv:1412.6980, 2014）

Adam 可以通过以下方式加速收敛到最优解：

① 适当利用过去的梯度信息。

② 根据每个参数对学习率进行调整。

与①相关的算法 Momentum SGD 是最基础的，如下所示

$$m_0=0$$

$$m_{t+1}=\beta_t m_t-\alpha g_t$$

$$x_{t+1}=x_t+m_{t+1}$$

● 『On the Momentum Term in Gradient Descent Learning Algorithms』
（Ning Qian、Neural networks 12.1（1999）：145-151）

这里的 g_t 是随机选择样品的梯度。SGD 对各点的（根据选择用于梯度计算的样本）随机性很敏感，但 Momentum SGD 可以通过保存过去的梯度信息来抑制其影响。

与②相关的有 Adagrad 算法。

● 『Adaptive Subgradient Methods for Online Learning and Stochastic Optimization』
（John Duchi、Elad Hazan, Yoram Singer, Journal of Machine Learning Research 12.Jul（2011）：2121-2159.）

Adagrad 采用过去梯度的二次方之和，利用其大小动态决定学习率。

$$v_{t+1}=v_t+g_t\odot g_t$$

$$x_{t+1}=x_t-\alpha\begin{pmatrix}\dfrac{1}{\sqrt{(v_{t+1})_1+\epsilon}}\\ \dfrac{1}{\sqrt{(v_{t+1})_2+\epsilon}}\\ \vdots\\ \dfrac{1}{\sqrt{(v_{t+1})_n+\epsilon}}\end{pmatrix}\odot g_t$$

式中，⊙表示向量成分之间的相乘；$\epsilon>0$ 是为了防止分母为零的常数。

频繁更新，再加上具有较大梯度的参数会逐渐难以更新，相反，学习率设定为没有更新的参数更容易更新。参数 $0\leqslant\beta_1$，$\beta_2<1$ 时，Adam 更新如下：

$$m_{t+1}=\beta_1 m_t+(1-\beta_1)g_t$$

$$v_{t+1}=\beta_2 v_t+(1-\beta_2)g_t\odot g_t$$

$$\alpha_t=\alpha\frac{\sqrt{1-\beta_2^t}}{1-\beta_1^t}$$

$$x_{t+1}=x_t-\alpha_t\begin{pmatrix}\dfrac{1}{\sqrt{(v_{t+1})_1}+\epsilon}\\ \dfrac{1}{\sqrt{(v_{t+1})_2}+\epsilon}\\ \vdots \\ \dfrac{1}{\sqrt{(v_{t+1})_n}+\epsilon}\end{pmatrix}\odot m_t$$

式中，β_1，β_2 表示过去梯度信息以什么样的速率“忘记”，由此可以消除 Adagrad 梯度单调减少的缺点。

2）在 scikit-learn 中的实现。

在 scikit-learn 中，sklearn. neural_network. MLPClassifier 类可以使用 SGD 和 Adam 学习包含正则化的神经网络（见清单 3. 22）。虽说如此，但 scikit-learn 中只有最基本的多层神经网络才能使用，所以为了使用更高级的模型和最新的优化算法等，需要使用 Keras 和 TensorFlow 等程序库。

- Keras
  URL https://keras.io/ja/
- TensorFlow
  URL https://www.tensorflow.org/

清单 3. 22　sklearn. neural_network. MLPClassifier 类[⊖]

In

```
import numpy as np
from sklearn.neural_network import MLPClassifier

# 创建Toy数据
X = np.random.normal(0, 1, (100, 10))
y = np.random.randint(0, 2, (100,))

# 一个具有3层线性变换，激活函数为tanh，优化器为SGD的神经网络实例 ➡
MLP_SGD = MLPClassifier(hidden_layer_sizes=[5, 3], ➡
activation='tanh', solver='sgd', max_iter=1000)

# 一个具有5层线性变换，激活函数为sigmoid，优化器为adam的神经网络实例 ➡
MLP_Adam = MLPClassifier(hidden_layer_sizes=[5, 3, 2], ➡
activation='logistic', solver='adam', max_iter=500)
```

⊖ 由于使用随机数，输出结果可能与页面大小不同。

```
# 学习
MLP_SGD.fit(X, y)
MLP_Adam.fit(X, y)

# 输出预测值
X_test = np.random.normal(0, 1, (10, 10))
print("MLP_SGD: ", MLP_SGD.predict(X_test))
print("MLP_Adam: ", MLP_Adam.predict(X_test))
```

Out

```
MLP_SGD:  [1 0 0 0 0 1 0 1 1 0]
MLP_Adam:  [0 0 0 0 0 0 0 0 0 0]
```

3.3.4 梯度提升决策树

梯度提升决策树是近年来最具人气的有监督学习模型之一。在这个背景下，被称为提升的学习法在 20 世纪后半期提出的学习法中是最强大的。

通过提升得到的模型，在将多个学习模型线性组合的意义上与套袋法和集成法有着密切的关系。

梯度提升决策树的历史很长，由于它是建立在很多研究结果之上的，所以对于“为什么使用这样的模型”这个问题的回答很复杂。下列书籍作为包含这样的背景，以及其他机器学习算法在内全面解说的名著在世界范围内广为人知，推荐给各位读者。

- 『The Elements of Statistical Learning Data Mining, Inference, and Prediction, Second Edition』(Trevor Hastie、Robert Tibshirani、Jerome Friedmani, New York: Springer series in statistics, 2001)

(1) 加法的模型和提升

在提升中，可以创建多个被称作“弱分类器”的模型 $F^1,\cdots,F^M:\mathbb{R}^n\to\mathbb{R}^k$，并采用线性和的模型作为最终算法的输出，如下所示

$$F(x)=\sum_{m=1}^{M}\beta_m F_{\theta_m}^m(x)$$

式中，θ_m 是弱分类器 F^m 的模型参数；$\beta_m\in\mathbb{R}$ 是表示 F^m 最终贡献的参数。用这种形式表示的模型被称为加法模型。

加法模型的学习可以解决下式的最优化问题：

$$\underset{\{\beta_m,\theta_m\}_{m=1}^M}{\operatorname{argmin}}\sum_{i=1}^{N}\left(L\left(\sum_{m=1}^{M}\beta_m F_{\theta_m}^m,x_i,y_i\right)\right)\quad\cdots(*)$$

然而，M 越大计算量越大，并且对于 F_1，…，F_M 组合不同的模型等，很难立即进行优化。

$$\underset{\beta_m,\theta_m}{\operatorname{argmin}} \sum_{i=1}^{N} L(\beta_m F_{\theta_m}^{m}, x_i, y_i) \quad \cdots(*)$$

另外，上式能简单解决学习个别模型的部分最优化问题的情况下，存在近似解决最优化问题（∗）的方法，例如向前阶段的提升就是这样的近似方法之一。

向前阶段加法建模中，如下所示可以近似解决最优化问题（∗）。

向前阶段的提升

（1）令 $f_0(x):=0$。

（2）对 $m=1$，…，M，重复（a），（b）。

（a）解最优化问题 β_m，$\theta_m=\underset{\beta,\theta}{\operatorname{argmin}} \sum_{i=1}^{N} L(\beta F_{\theta}^{m}+f_{m-1}, x_i, y_i)$。

（b）定义 $f_m=f_{m-1}+\beta_m F_{\theta_m}^{m}$。

为了一边固定从 F_1 开始依次过去学习的模型参数一边进行学习，通过向前阶段的提升得到的模型，不一定称为最优化问题（∗）的解决方法，但是如果能高速执行步骤（a）的话，可以说就非常实用了。

像向前阶段提升一样，依次学习模型在各个阶段使用上次为止的学习结果，得到最终的加法模型，这就叫作提升（见图 3.9）。

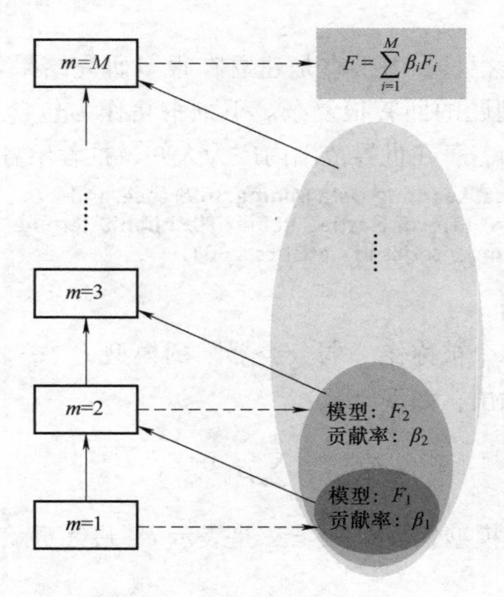

图 3.9　提升的概念图

（2）决策树模型

梯度提升决策树是 F_1，…，F_M 中使用决策树模型的加法模型的一种。关于决策树已经有很多书籍进行了讲解，在这里简单介绍一下。

在决策树模型（见图3.10）中，首先将输入变量的空间 $\mathbb{R}^n$ 分割成 J 个普通的“矩形”区域 $R_1,\cdots,R_J$。也就是说，把“矩形” $R_1,\cdots,R_J \subset \mathbb{R}^n$ 定义为

$$\bigcup_j R_j = \mathbb{R}^n$$

$$R_j \cap R_k = \phi,\quad \text{if}\quad j \neq k$$

然后每个 R_j 对应输出值 $\gamma_j \in \mathbb{R}^k$，最终的模型 $F(x)$ 为

$$F(x) := \sum_{j=1}^{J} \gamma_j I(x \in R_j) \in \mathbb{R}^k$$

式中，$I(x \in R_j)$ 表示 $x \in R_j$ 取1，否则取0的函数。决定决策树的参数是，$\Theta = (R_1,\cdots,R_J,\gamma_1,\cdots,\gamma_J)$ 时为 J，但是关于 J 在这里不做讨论。

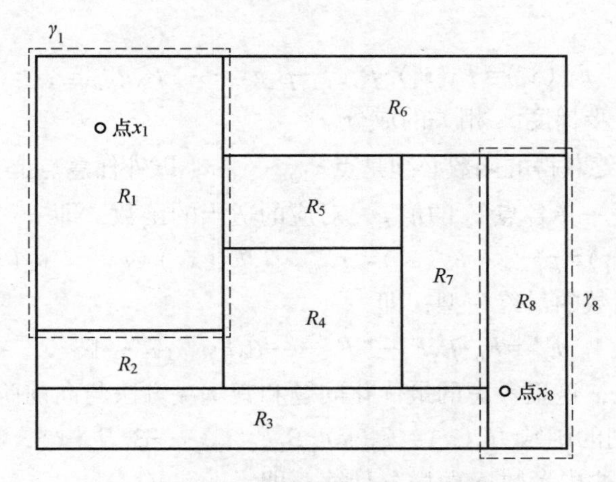

图3.10　决策树模型的概念图

图3.10中的决策树模型，点 x_1 模型输出值为 γ_1，点 x_8 模型输出值为 γ_8。

对于分类问题，为了最终输出概率分布，将 F 复合为 softmax 函数。也就是说，将最终 $S=\{1,\cdots,K\}$ 上的概率分布定为

$$p_F(Y=k \mid X=x) = \frac{\mathrm{e}^{F_k(x)}}{\sum_{i=1}^{K} \mathrm{e}^{F_i(x)}}$$

在这种情况下，作为损失函数的负的对数似然函数自然为

$$\begin{aligned} L(F,x,y) &= -\log p_F(Y=y \mid X=x) \\ &= -F_y(x) + \log\left(\sum_{i=1}^{K} \mathrm{e}^{F_i(x)}\right) \end{aligned}$$

众所周知，3.3.4小节梯度提升决策中解决关于 Θ 的最优化问题（$*$）在这个模型的性质上是很难的。因此，很难使用决策树模型来进行正向分阶段提升。

对于任意的损失函数使用决策树模型进行提升的方法就是梯度提升决策树。

（3）梯度提升

在进入梯度提升决策树的详细内容之前，再来整理以下问题。最初的目的是损失函数 $F: \mathbb{R}^n \to \mathbb{R}^k$ 的最小化，即

$$L(F)=\sum_{i=1}^{N} L(F,x_i,y_i) \quad \cdots(**)$$

这里最应该优化的“参数”是各个输入变量 x_1，…，x_N 对应的函数值，即

$$(F(x_1),\cdots,F(x_N)) \in \mathbb{R}^N$$

以这个参数相关的最小化问题（$**$）为例，来尝试用梯度下降法解决这个问题。从初始值的函数 F_0 开始，经过使用梯度 g_1，g_2，…，g_J 和其学习率 β_1，…，β_J 的 J 次更新，得到最终的“参数”，即

$$F^*(x_i)=F_0(x_i)-\beta_1 g_{1,i}-\beta_2 g_{2,i}-\cdots-\beta_N g_{N,i} \in \mathbb{R}$$

这里的 $g_{m,i}$ 是第 m 步梯度 x_i 相关的成分。

在实际应用中，最终获得的函数必须是点 x_1，…，x_N 以外任意点上有值的函数 $F^*: \mathbb{R}^n \to \mathbb{R}^k$。因此，必须找到每一步各点 x_i 的值 $g_{i,m}$ 对应的适当的函数，即

$$F_m(x_1)=g_{1,m}, \quad F_m(x_2)=g_{2,m},\cdots,F_m(x_N)=g_{N,m} \quad \cdots(\diamond)$$

这样就可以得到函数的最终模型，即

$$F^*=F_0-\beta_1 F_1-\beta_2 F_2-\cdots-\beta_J F_J \quad : \mathbb{R}^n \to \mathbb{R}^k$$

从这个意义上来说，这里考虑的最优化问题和其解决方法与向前阶段提升非常相似。

作为更新 m 次得到的函数 $H_m(x)=F_0(x)-\beta_1 F_1(x)\cdots-\beta_m F_m(x)$，在各 m 个步骤中，可以根据上一页（$**$）式中参数 F 的微分计算，即

$$g_{i,m}=\left[\frac{\partial L(F,x_i,y_i)}{\partial F(x_i)}\right]_{F(x_i)=H_m(x_i)} \in \mathbb{R}$$

当函数 F 仅限于决策树模型时，如何执行梯度提升？在第 m 次更新中，要做的是构建一个满足公式（$\diamond$）的决策树模型，但由于公式（$\diamond$）只在训练数据样本中定义，因此会担心它的泛化性能。所以决定构建一个决策树来近似梯度。更具体地说，已知梯度的平方误差，如下所示

$$\sum_{i=1}^{N} \| g_{m,i}-F_m(x_i) \|^2$$

最小的决策树可以通过高速算法找到，采用由此得到的决策树模型 F_m。

通过以上过程得到的最终加法模型 $F^* := F_0-\sum_{m=1}^{J} \beta_m F_m$ 算法称为梯度提升决策树。

（4）在 scikit-learn 中实现

梯度提升决策树的分类器可以在 sklearn. ensemble. GradientBoostingClassifier 类中实现

（见清单 3.23）。这个类中有很多对模型性能有效的参数。但是作者认为，如果有本节解说的基础的话，读者可以自己学习之前的理论，获得对调试程序有用的知识。

清单 3.23　基于梯度提升决策树的分类器㊀

In

```
import numpy as np
from sklearn.ensemble import GradientBoostingClassifier

# 创建Toy数据
X = np.random.normal(0,1,(100,10))
y = np.random.randint(0,2, (100,))

# 创建一个含1000个基决策树的梯度提升决策树模型实例
GBDT = GradientBoostingClassifier(n_estimators=1000)

# 学习
GBDT.fit(X, y)

# 输出预测值
X_test = np.random.normal(0,1,(10,10))
print("GBDT: ", GBDT.predict(X_test))
```

Out

```
GBDT:  [0 1 0 1 0 1 0 0 1 1]
```

3.4　无监督学习

本节将学习无监督学习基本算法的理论与实现方法。

在无监督学习中，没有像有监督学习那样的输出和标签数据。算法的评价指标并没有明确的规定，即使说是用结果的解释和应用方法来测试分析者的能力也不过分，因此好好地理解算法的理论背景和结构非常重要。

3.2 节关于机器学习基础介绍过，无监督学习中，从各个角度分析数据 $D=\{X_1,\cdots X_n\}$ 的各个概率变量 X_i 所服从的同一分布 $p(X)$。有代表性的无监督学习有聚类和降维。

在聚类中，对每个样本 x_i 提供一个 $\{1,\cdots,k\}$ 等离散的标签 z_i 进行分组（生成聚类）。当然，因为是无监督学习，所以并不是每个组都能分到可以理解的标签。因此，分析者需要对聚类结果进行解释。例如，无监督学习可以有以下应用案例：

1）将 Web 应用中用户的原始数据分类，观察分析每个分类的操作。根据结果提出对策。

㊀ 由于使用随机数，输出结果可能与页面大小不同。

2）为了解决以原始数据为输入的有监督学习问题，使用聚类结果作为新的特征值。

另外，在降维方面，目标是降低样本 $x_i \in \mathbb{R}^n$ 的维度，并在尽可能保持“信息”的同时处理较小的维度 $x' \in \mathbb{R}^m (m<n)$。

降维的应用案例有：

1）人不可能用眼睛看三维以上的数据，所以要像 $m<4$ 一样，使数据可视化。

2）代替 x_i 输入 x'_i 进行有监督学习，减少计算量。

除了聚类和降维之外，还有以生成人工样本为目的，通过技术上可能生成样本的模型（生成模型），从而直接推测 $p(X)$ 的情况等。

后面将学习 scikit-learn 中基本算法的理论和实现。

3.4.1 混合高斯模型

本节将学习使用混合高斯模型的无监督学习的理论与实现。

（1）混合高斯分布

在进入正题之前，先来学习一些相关的数学知识。从 S 中取值的 k 个概率密度函数（或是质量函数）$f_1(x)$，…，$f_k(x)$ 的混合分布是这些概率密度函数（质量分数）的线性和，即

$$f_X(x) = \sum_{i=1}^{k} \pi_i f_i(x)$$

这里的 π_i 是满足条件 $\pi_i \geqslant 0$ 且 $\sum_{i=1}^{k} \pi_i = 1$ 的定量，称作混合系数。各个 $f_i(x)$ 对应的概率变量 X_i 表示为

$$p(X) = \sum_{i=1}^{k} \pi_i p(X_i)$$

实际上可以确定这个 $p(X)$ 具有概率分布的性质，即

$$p(X \in S) = \sum_{i=1}^{k} \pi_i p(X_i \in S) = \sum_{i=1}^{k} \pi_i \cdot 1 = 1$$

混合高斯模型（Gaussian Mixture Model，GMM）是最重要的混合分布的例子。GMM 是指各个 $p_i(X_i)$ 服从正态分布的混合分布，密度函数表示为

$$\mathrm{GMM}_\theta(x) := \sum_{i=1}^{k} \pi_i \mathcal{N}(x; \mu_i, \Sigma_i)$$

根据 GMM 的定义，将 k 个平均向量 $\{\mu_i\}_{i=1}^{k}$ 和协方差矩阵 $\{\Sigma_i\}_{i=1}^{k}$ 以及混合系数 $\pi = (\pi_1, \cdots, \pi_k)$ 保存在参数中。后述中将它们记作 $\theta = (\{\mu_i\}_{i=1}^{k}, \{\Sigma_i\}_{i=1}^{k}, \pi)$。

图 3.11 所示为二维 GMM 的密度函数。由图 3.11 可知，只存在 k 个峰，峰的位置分别是混合后高斯分布的平均值。

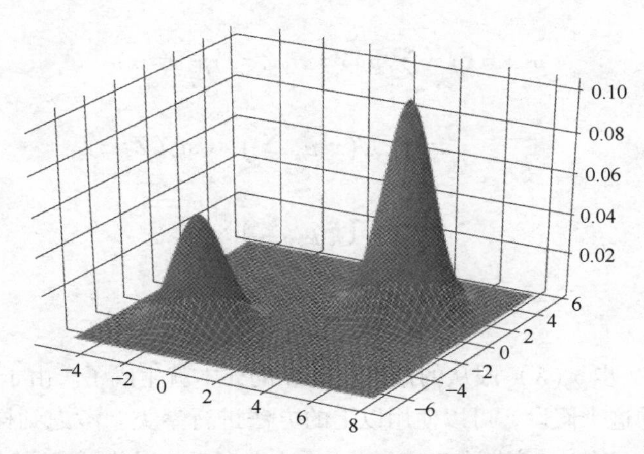

图3.11　平均向量且协方差矩阵为单位矩阵的两个高斯分布，以混合系数0.35（左侧的高斯分布）和0.65（右侧的高斯分布）混合后的GMM密度函数图像。混合系数越大，越能看出原始分布的密度越强。

（2）GMM建模和聚类

对于数据 $D=\{x_1,\cdots,x_N\}\subset\mathbb{R}^n$，可以用 k 个服从高斯分布的单模型组合而成的GMM建模近似。这里，假定数据中各个样本服从的真实概率分布为

$$p_\theta(X=x)=\mathrm{GMM}_\theta(x)$$

在此基础上，将对最能说明数据的参数，这里是对数似然函数最大化（最似然推测）来推测 θ，即

$$L(\theta)=\sum_{x\in D}\log p_\theta(X=x)$$

这个推测方法放到后边说明，先看通过这个建模对于数据 D 能得到什么样的启发。

试想 $p_\theta(X)$ 的样本 x 是经过怎样的过程生成的呢？

通过下面两个步骤生成样本的概率变量与 X 一致。也就是说，按照以下步骤，由 $p_\theta(X)$ 生成了样本，但是一旦将该变量与 X 区别开来，其概率变量设为 Y。

第1步

考虑到 $p_\theta(X)$ 是由 k 个高斯分布的混合系数的加权和表示的，从 $1\sim k$ 中混合系数的权重 π_i 随机选择。这相当于根据以混合系数 $\pi=(\pi_1,\cdots,\pi_k)$ 为参数的类别分布服从的概率变量 $Z\sim\mathrm{Cat}_\pi$ 采样。即从概率为 π_i 且 $i\in\{1,\cdots,k\}$ 的概率变量 Z 中取样，则

$$\mathrm{Cat}_\pi(Z=z)=\pi_i$$

第2步

从 Z 的样本得到的第 z 个高斯分布 $\mathcal{N}(x;\mu_z,\Sigma_z)$ 中采样，得到最终的样本 x。这与 Z 取 z 值的条件下概率变量 Y 服从第 z 个高斯分布，即 $p(Y=x\mid Z=z)=\mathcal{N}(x;\mu_z,\Sigma_z)$ 相同。

进一步可以确认采样的概率变量 Y 的分布 $p(Y)$ 与 $p_\theta(X)$ 一致，即

$$
\begin{aligned}
p(Y=x) &= \sum_{z=1}^{k} p(Y=x \mid Z=z)p(Z=z) \\
&= \sum_{z=1}^{k} \mathcal{N}(x;\mu_z,\Sigma_z) \times \mathrm{Cat}_{\pi}(Z=z) \\
&= \sum_{z=1}^{k} \mathcal{N}(x;\mu_z,\Sigma_z) \times \pi_z \\
&= \mathrm{GMM}_{\theta}(x) \\
&= p_{\theta}(X=x)
\end{aligned}
$$

因此，通过上述 2 步 $p_\theta(X)$ 服从的概率变量 X 的样本就生成了。由于数据 $D=\{x_1,\cdots,x_n\}$ 是 GMM$p_\theta(X)$ 生成的这个假设，可以使用以上的方法进行聚类。考虑到样本生成的过程 x 必须通过与 $z\in\{1,\cdots,k\}$ 对应的高斯分布 $\mathcal{N}(x;\mu_z,\Sigma_z)$ 来生成，因此可以通过 $x\to z$ 进行聚类。

然而实际上数据只有 x 而 z 不存在（观测不到），所以需要推测 z。从 $z\in\{1,\cdots,k\}$ 生成 x 的概率 $p(Z=z\mid X=x)$，可以用贝叶斯定理计算，即

$$
\begin{aligned}
p(Z=z \mid X=x) = f_{Z\mid_{X=x}}(z) &= \frac{f_{X\mid_{Z=z}}(x) f_Z(z)}{f_X(x)} \\
&= \frac{\pi_z \mathcal{N}(x;\mu_z,\Sigma_z)}{\mathrm{GMM}_{\theta}(x)} \\
&= \frac{\pi_z \mathcal{N}(x;\mu_z,\Sigma_z)}{\sum_{i=1}^{k} \pi_i \mathcal{N}(x;\mu_i,\Sigma_i)} \quad \cdots(*)
\end{aligned}
$$

分母不依赖 z 可以忽略，所以采用分子最大的 z_x 作为 x 所属的簇，即

$$
z_x = \underset{z\in\{1,\cdots k\}}{\operatorname{argmax}} \pi_z \mathcal{N}(x;\mu_z,\Sigma_z) \quad \cdots(**)
$$

通常，相对于像 x 这样可以观测的变量，z_x 这样不能观测的变量称作隐变量。

如图 3.12 所示，是将 $0.3\mathcal{N}(x;-1,1)+0.7\mathcal{N}(x;1,1)$ 给出的 GMM 混合的各个高斯分布用混合系数加权之后值的图表。如果使用这个 GMM 对两个簇 $\{1,2\}$ 进行聚类，实数 x 所属的簇是 $0.3\mathcal{N}(x;-1,1)<0.7\mathcal{N}(x;-1,1)$ 或是相反，就不一样了。

综上所述，GMM 的聚类算法如下所述。

使用 GMM 的聚类算法：

1）使关于 θ 的对数似然 $L(\theta)=\sum_{x\in D}\log p_\theta(X=x)$ 最大化，得到参数 θ_0。

2）对于各个 $x\in D$，$z\in\{1,\cdots,k\}$ 计算上述（*）式。

3）使用 2）中的结果，将上述公式（**）的结果分配给各个 x 对应的簇。

(3) EM 算法

为了进行 GMM 的聚类，必须估计能使对数似然函数 $L(\theta)=\sum_{x\in D}\log p_\theta(X=x)$ 最大化的θ。这里介绍一种不仅限于 GMM，也可用于一般模型参数估计的方法——EM 算法。

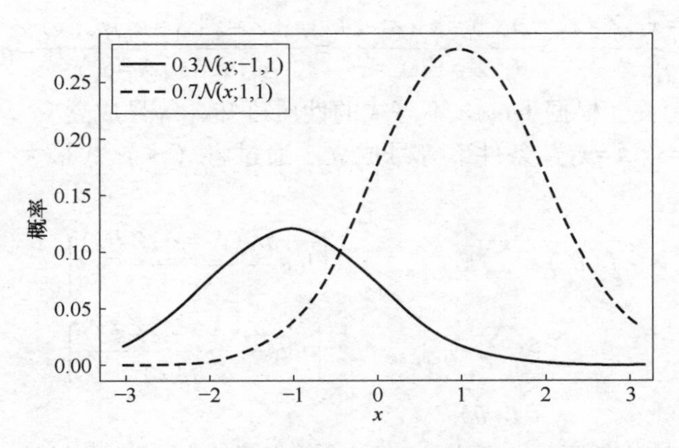

图 3.12　混合系数加权后两个高斯分布的图表
（点 x 所属的簇是各个图表中最大的）

当给定可以观测的概率变量 X 和不可观测的离散集合 C 中取值的概率变量 Z（上述示例中为确定聚类的概率变量），以及决定两者同时概率分布的模型 $p_\theta(X,Z)$（上述示例中为 GMM），对可观测数据的似然函数 $L(\theta)=\sum_{x\in D}\log p_\theta(X=x)$ 进行优化，估计参数 θ 的方法。

将数据 $D=\{x_1,\cdots,x_N\}$ 和各个 x_i 对应的隐变量服从的概率变量设为 Z_i。这里的目的是对 θ 的最大似然估计，但是一般来说，在隐变量被隐藏的情况下，很难优化 $L(\theta)$。因此使用下式变形：

$$
\begin{aligned}
L(\theta) &= \sum_i \log p_\theta(X=x_i) \\
&= \sum_i \log \sum_{z\in C} p_\theta(X=x_i, Z_i=z) \\
&= \sum_i \log \sum_{z\in C} q_i(z)\frac{p_\theta(X=x_i, Z=z)}{q_i(z)} \\
&= \sum_i \log \mathbb{E}_{z\sim q_i}\left[\frac{p_\theta(X=x_i, Z=z)}{q_i(z)}\right] \\
&\geqslant \sum_i \mathbb{E}_{z\sim q_i}\left[\log\frac{p_\theta(X=x_i, Z=z)}{q_i(z)}\right] \quad \cdots(*)
\end{aligned}
$$

在这里 q_i 是 C 上的离散概率分布任意取的。对各行进行说明的话，第 1 行是对数似然函数的定义，第 2 行是与 Z_i 相关的边缘化，第 3 行是与 $3=\frac{100\times3}{100}$ 同样公式的简单变形，第 4 行使用了关于离散概率变量期望的定义。最后的不等式由 Jensen 不等式表示。

q_i 取任意值均可使 Jensen 不等式的不等号成立。$q_i(z)$ 与（$*$）式概率分布相同，因此 $q_i(z)=p_\theta(Z=z\mid X=x_i)$ 的期望值可表示为

$$\frac{p(X=x_i,Z=z)}{q_i(z)}=\frac{p_\theta(X=x_i,Z=z)}{p_\theta(Z=z\mid X=x_i)}=\frac{p_\theta(Z=z\mid X=x_i)p_\theta(x)}{p_\theta(Z=z\mid X=x_i)}=p_\theta(x)$$

右式取值与 Z 无关，根据 Jensen 不等式的性质可知，等号成立。

在 $q_i(z)=p_\theta(Z=z\mid X=x_i)$ 条件下等号成立。通过将（＊）式最大化，可以得到 θ'，进而最大化 $L(\theta)$，即

$$\begin{aligned}L(\theta')&=\sum_i \mathbb{E}_{z\sim p_\theta(Z=z\mid X=x_i)}\left[\log\frac{p_{\theta'}(X=x_i,Z=z)}{q_i(z)}\right]\\&\geqslant\sum_i \mathbb{E}_{z\sim p_\theta(Z=z\mid X=x_i)}\left[\log\frac{p_\theta(X=x_i,Z=z)}{q_i(z)}\right]\\&=L(\theta)\end{aligned}$$

上述公式第 1、2 行即是上一页中（＊）式取得最大值时计算得的参数 θ'。这样最优化（＊）式的步骤称为 EM 算法的 M 步。

另外，$L(\theta')\geqslant L(\theta)$ 条件并不能保证不存在比 θ' 更优的参数取值的可能。接下来用 θ 表示 $q_i(z)$ 的分布情况，即

$$q_i(z)=p_{\theta'}(Z=z\mid X=x_i)$$

代入上述的（＊）式。这个步骤称为 EM 算法的 E 步。通过 θ 替换为 θ' 来计算，即

$$L(\theta')=\sum_i \mathbb{E}_{z\sim q_i}\left[\log\frac{p_\theta(X=x_i,Z=z)}{q_i(z)}\right]\quad\cdots(**)$$

同样地，通过对上述（＊＊）式执行 E 步骤来计算更优的参数 θ''，即

$$L(\theta'')\geqslant L(\theta')\geqslant L(\theta)$$

通过重复 E 步和 M 步来迭代优化 $L(\theta)$，该优化算法被称为 EM 算法。

EM 算法

以合适的值初始化 θ，反复进行直到结束。

1）E 步。

对任意的 $x_i\in D$，有

$$q_i(z)=p_\theta(Z=z\mid X=x_i)$$

2）M 步。

$$\theta=\underset{\theta}{\operatorname{argmax}}\sum_i \mathbb{E}_{z\sim q_i}\left[\log\frac{p_\theta(X=x_i,Z=z)}{q_i(z)}\right]\quad\cdots(***)$$

（4）使用 EM 算法的混合高斯分布的参数估计

上节介绍的 EM 算法是在抽象的设定下推导的。有关 GMM 的情况本节将更具体地说明。

1）E 步。

E 步的计算实际上就是给出的（＊）公式，即

$$q_i(z)=p_\theta(Z=z\mid X=x_i)=\frac{\pi_z\mathcal{N}(x;\mu_z,\Sigma_z)}{\sum_{i=1}^{k}\pi_i\mathcal{N}(x;\mu_i,\Sigma_i)}$$

2）M 步。

具体展开计算给出的 M 步的（＊＊＊）式的期望值公式，即

$$
\begin{aligned}
&\log \frac{p_\theta(X=x_i, Z=z)}{q_i(z)} \\
&=\log \frac{p_\theta(X=x_i \mid Z=z)p(Z=z)}{q_i(z)} \\
&=\log p_\theta(X=x_i \mid Z=z)+\log p(Z=z)-\log q_i(z) \\
&=\log \frac{1}{\sqrt{(2\pi)^n \det(\Sigma_z)}}\exp\left(-\frac{1}{2}\langle x_i-\mu_z, \Sigma^{-1}(x_i-\mu_z)\rangle\right)+\log \pi_z-\log q_i(z) \\
&=-\frac{1}{2}\langle x_i-\mu_z, \Sigma^{-1}(x_i-\mu_z)\rangle-\log\sqrt{(2\pi)^n \det(\Sigma_z)}+\log \pi_z-\log q_i(z)
\end{aligned}
$$

则 argmax 为

$$
\begin{aligned}
&\sum_i \mathbb{E}_{z\sim q_i}\left[\log \frac{p_\theta(X=x_i, Z=z)}{q_i(z)}\right] \\
&=\sum_{i=1}^{N}\sum_{z=1}^{k} q_i(z)\left(-\frac{1}{2}\langle x_i-\mu_z, \Sigma^{-1}(x_i-\mu_z)\rangle-\log\sqrt{(2\pi)^n \det(\Sigma_z)}+\log \pi_z-\log q_i(z)\right)
\end{aligned}
$$

公式中，对于任意的 μ_j，Σ_j 为凸函数，通过对其求微分来确定最大值参数。具体计算如下

$$
\mu_j=\frac{\sum_{i=1}^{N} q_i(z=j)x_i}{\sum_{i=1}^{N} q_i(z=j)}
$$

$$
\Sigma_j=\frac{1}{\sum_{i=1}^{N} q_i(z=j)}\sum_{i=1}^{N} q_i(z=j)(x_i-\mu_z)(x_i-\mu_z)^T
$$

另外，相关参数有 $\sum_{j=1}^{k}\pi_j=1$ 的约束条件，所以只求微分仍然不够。此时可以用拉格朗日乘数法来解决，即

$$
\pi_j=\frac{1}{N}\sum_{i=1}^{N} q_i(z=j)
$$

（5）scikit-learn 实验

了解了 GMM 理论背景，接下来使用 scikit-learn 学习吧。

1）聚类。

首先，使用 iris 数据集中前两个维度的特征值 X 进行聚类（见清单 3.24）。

清单 3.24　使用两个维度的特征量 X 进行聚类

In

```
import matplotlib.pyplot as plt
import numpy as np
from sklearn import datasets

iris = datasets.load_iris()
X = iris.data[:, :2]  # 降维
print("shape of X =", X.shape)
```

Out

```
shape of X = (150, 2)
```

X 的 shape 输出结果为（150,2），可以确认样本的数量为二维特征值 150。

接下来创建 sklearn. mixture. GaussianMixture 类的实例（见清单 3.25）。参数 n_components 对应混合数。

清单 3.25　创建实例

In

```
from sklearn import mixture
num_components = 3
gmm = mixture.GaussianMixture(n_components=num_components)
```

然后让 mixture. GaussianMixture 类的 fit 方法作为参数来学习（见清单 3.26）。fit 方法的返回值 self 就是类实例本身。

清单 3.26　使用 fit 方法学习作为参数的数据

In

```
gmm.fit(X)
```

Out

```
GaussianMixture(covariance_type='full', init_params=➡
'kmeans', max_iter=100,
        means_init=None, n_components=3, n_init=1, ➡
precisions_init=None,
        random_state=None, reg_covar=1e-06, tol=0.001, ➡
verbose=0,
        verbose_interval=10, warm_start=False, ➡
weights_init=None)
```

由此可以得到学习完毕的 GMM。用这个模型聚类使其可视化（见清单 3.27）。

使用 . predict 方法，可以取得基于（ ** ）式各个样本所属的簇。

清单 3.27　运行

In

```
z = gmm.predict(X)
print("shape of z =", z.shape)
print("z's values in ", np.unique(z))
```

Out

```
shape of z = (150,)
z's values in  [0 1 2]
```

接下来用 z 来看看实际上什么样的点是怎样被分类的（见清单 3.28）。这里用到的 $X[z==i,:]$ 相当于提取 $z=i$ 样本特征值的操作。同时，因为簇的中心向量储存在类变量 means_中，所以也可以尝试将其结合起来进行可视化（见图 3.13）。

清单 3.28　可视化

In

```
# 可视化代码
for i in range(num_components):
    X_i = X[z == i, :]
    plt.scatter(X_i[:, 0], X_i[:, 1], marker="${}$".➡
format(i+1), label="cluster={}".format(i+1), s= 60)

plt.scatter(gmm.means_[:, 0], gmm.means_[:, 1], ➡
marker='o', label="means vectors", s=100)
plt.show()
```

Out

```
#参见图3.13
```

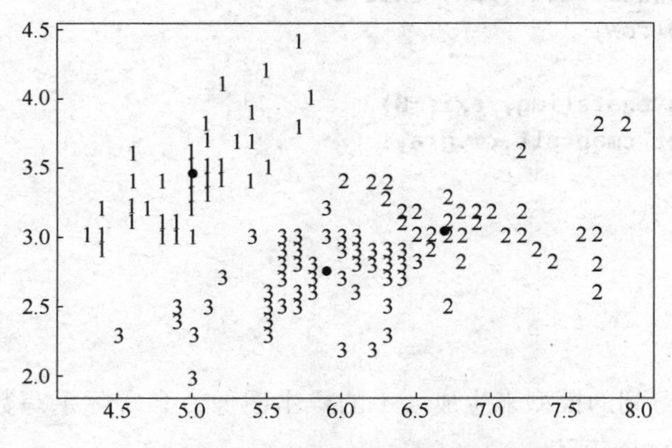

图 3.13　GMM 聚类的可视化结果

图 3.13 中，数字表示对应坐标的样本所属的组，并且三个圆形符号对应平均向量。可以确认基本上附近的样本都属于同一个组。

2）作为生成模型的 GMM。

上述 GMM 样本的生成过程可以在计算机上实现再现。因此，GMM 可以作为生成模型来处理。

接下来，让 GMM 学习手写数字模型 digits 数据集，生成“人工手写数字”吧（见清单 3.29）。

清单 3.29　数据集的读入和画像输出、向量化

In

```
# digits 数据集的读入
digits = datasets.load_digits()

# 图像部分的输出
raw_imgs = digits.images  # shape = (1797, 8, 8)

# 图像向量化
X = raw_imgs.reshape(len(raw_imgs), -1)
```

接下来输出实际手写数字的图像（见清单 3.30 和图 3.14）。

清单 3.30　输出手写数字图像

In

```
output_size = 10
img = []
for i in range(output_size):
    row = []
    for j in range(output_size):
        row.append(raw_imgs[i*5 + j, :,:])
    row = np.concatenate(row, axis=1)
    img.append(row)

img = np.concatenate(img, axis=0)
plt.imshow(img, cmap=plt.cm.gray)
plt.axis("off")
plt.show()
```

Out

```
#参见图3.14
```

接下来，使用学习到的模型来生成人工的样本图像，和实际手写数字的图像比比看吧。样本的生成使用了 sample 方法。

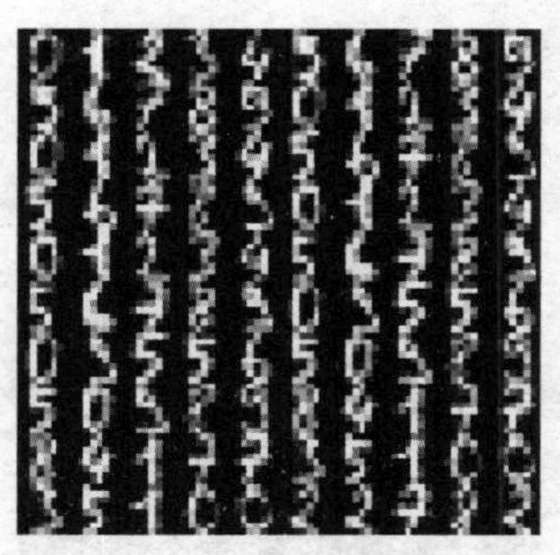

图 3.14　实际手写数字图像

从分明用混合数 2，30，100 输出的图像来看，混合数为 2 的情况很难判断是否是手写数字，而混合数为 100 时可以清楚地判断每个样本是哪个数字（见清单 3.31 和图 3.15）。

清单 3.31　学习 GMM

In

```
# 学习GMM
for k in [2,  30, 100]:
    gmm = mixture.GaussianMixture(n_components=k)
    gmm.fit(X)
    # 人工样本的生成
    # 返回(特征值，特征值的标签)形式的元组，取出首个元素
    samples = gmm.sample(output_size**2)[0].➡
reshape((-1,8,8))

    img = []
    for i in range(output_size):
        row = []
        for j in range(output_size):
            row.append(samples[i*5 + j, :,:])
        row = np.concatenate(row, axis=1)
        img.append(row)

    img = np.concatenate(img, axis=0)
    plt.imshow(img, cmap=plt.cm.gray)
    plt.axis("off")
    plt.show()
```

Out

```
#参见图3.15
```

像这样使用生成模型来生成人工样本，可以以各种各样的形式应用。例如，近年来利用深度学习的高级算法生成复杂的模型，自动生成艺术作品的研究等正在活跃地进行着。

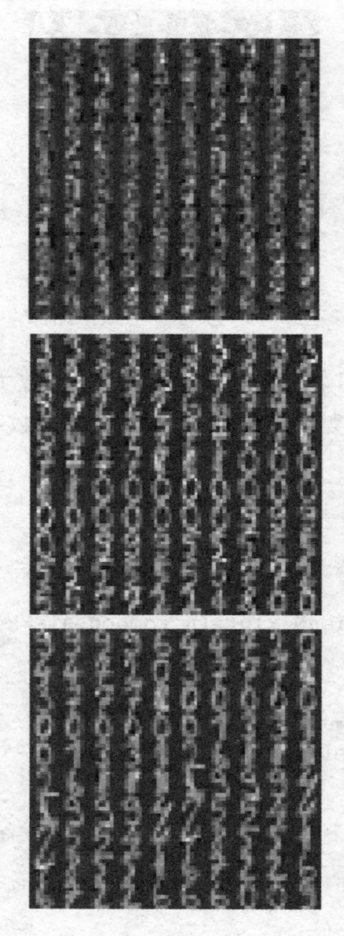

图 3.15　人工生成的手写数字样本图像（从上至下混合数为 2，30，100）

● 『Generative Adversarial Nets』(Ian J. Goodfellow, Jean Pouget-Abadie, Mehdi Mirza, Bing Xu, David Warde-Farley, Sherjil Ozair, Aaron Courville, Yoshua Bengio, Advances in Neural Information Processing Systems, 2014)

3.4.2　*k*-均值

本小节将学习 *k*-均值，它是最基本最重要的无监督学习算法。*k*-均值与混合高斯分布的 EM 算法、聚类有着密切的关系。明确了它们之间的关系，导出 *k*-均值之后，将学习其实现方法。

(1) *k*-均值的导出

混合高斯分布的混合数为 k。$\beta>0$，可知各个高斯分布的协方差矩阵 Σ_i 为

$$\Sigma_i = \beta I_n$$

在混合系数同样设定为 $\pi_i=1/k$ 的制约条件下，由 EM 算法的定义，则有

$$\Sigma_i^{-1}=\frac{1}{\beta}I_n$$

则各个高斯分布的密度函数表示为

$$\begin{aligned}\mathcal{N}(x;\mu_i,\Sigma_i)&=C\exp\left(-\frac{1}{2}\langle x-\mu_i,\Sigma_i^{-1}(x-\mu_i)\rangle\right)\\&=C\exp\left(-\frac{1}{2\beta}\|x-\mu_i\|^2\right)\end{aligned}$$

这里的 C 不取决于 i，具体给定 $C=1/\sqrt{(2\pi)^n\det(\Sigma)}=1/\sqrt{(2\pi\beta)^n}$。

这时计算步骤 E，即

$$\begin{aligned}q_x(z)&=p_0(Z=z\mid X=x_i)\\&=\frac{\pi_z\mathcal{N}(x;\mu_z,\Sigma_z)}{\sum_i\pi_i\mathcal{N}(x;\mu_i,\Sigma_i)}\\&=\frac{\frac{1}{k}C\exp\left(-\frac{1}{2\beta}\|x-\mu_z\|^2\right)}{\sum_i\frac{1}{k}C\exp\left(-\frac{1}{2\beta}\|x-\mu_i\|^2\right)}\\&=\frac{\exp\left(-\frac{1}{2\beta}\|x-\mu_z\|^2\right)}{\sum_i\exp\left(-\frac{1}{2\beta}\|x-\mu_i\|^2\right)}\\&=\frac{1}{1+\sum_{i\neq z}\exp\left(\frac{1}{2\beta}(\|x-\mu_z\|^2-\|x-\mu_i\|^2)\right)}\cdots(*)\end{aligned}$$

式中，$\|x-\mu_i\|$是最小的簇（见备忘录），即与平均向量距离最近的簇为 z_x，则有下式成立：

$$\|x-\mu_{z_x}\|^2-\|x-\mu_i\|^2<0\quad(z=z_x,i\neq z)$$

$$\|x-\mu_z\|^2-\|x-\mu_{z_x}\|^2>0\quad(z\neq z_x)$$

备忘录　最小的簇

最小的簇可能存在多个，但今后的讨论中将这种情况一般化。这样的概率几乎为零，可以忽略。

因此，上面（ * ）式分母指数函数中，如果 $z=z_x$ 则总是取负值，否则 $i=z_x$ 的项中取正值，下式成立：

$$\lim_{\beta\to 0}\sum_{i\neq z_x}\exp\left(\frac{1}{2\beta}(\|x-\mu_{z_x}\|^2-\|x-\mu_i\|^2)\right)=0\quad(z=z_x)$$

$$\lim_{\beta\to 0}\sum_{i\neq z}\exp\left(\frac{1}{2\beta}(\|x-\mu_z\|^2-\|x-\mu_i\|^2)\right)$$

$$>\lim_{\beta\to 0}\exp\left(\frac{1}{2\beta}(\|x-\mu_z\|^2-\|x-\mu_{z_x}\|^2)\right)=\infty \quad (z\neq z_x)$$

由这些性质，$\beta\to 0$ 取极限时步骤 E 有：

$$q_x(z)=\frac{1}{1+\sum_{i\neq z}\exp\left(\frac{1}{2\beta}(\|x-\mu_z\|-\|x-\mu_i\|)\right)}\to\begin{cases}1 & (z=z_x)\\0 & (z\neq z_x)\end{cases}$$

也就是说，步骤 E 和将 x 到平均向量距离最小的簇分配给 z_x 的结果相同。

关于步骤 M，只考虑从约束条件更新平均向量。当集合 $D_i\subset D$ 是样本 $x\in D$ 中距离最小的平均向量簇 i 的集合 $D_i=\{x\in D \mid z_x=i\}$ 时，步骤 M 中平均向量的更新为

$$\mu_i=\frac{\sum_{x\in D}q_x(z=i)x}{\sum_{x\in D}q_x(z=i)}=\frac{1}{\#D_i}\sum_{x\in D_i}x$$

即该聚类所属样本 x 的平均向量。

这样在 $\beta\to 0$ 极限下执行 EM 算法，为每个样本分配所属簇的算法称作 k-均值。

***k*-均值**

1）将平均向量 μ_1，…，μ_k 初始化为适当的值，重复步骤 E 和步骤 M 直到收敛。

① E 步。

计算

$$z_x=\underset{i\in\{1,\cdots k\}}{\operatorname{argmin}}\|x-\mu_i\|$$

对于所有的 $x\in D$，定义

$$D_i=\{x\in D \mid z_x=i\}$$

② M 步。

更新平均向量 μ_1，…，μ_k，

$$\mu_i=\frac{1}{\#D_i}\sum_{x\in D_i}x$$

2）然后对于所有的 $x\in D$，得到 x 所属的簇 z_x 为

$$z_x=\underset{i\in\{1,\cdots k\}}{\operatorname{argmin}}\|x-\mu_i\|$$

（2）*k*-均值聚类的实现

试着使用 scikit-learn 运行 k-均值，并将结果可视化吧。

和 GMM 一样，使用 iris 数据集最初的二维特征量 X 进行聚类（见清单 3.32）。此外，

运行清单 3.32 之前，需使用 pip 命令安装 seaborn。

终端

```
(env) $ pip install seaborn
```

清单 3.32　*k*-均值

In

```
import numpy as np
import matplotlib.pyplot as plt
import scipy as sp
import seaborn as sns
from sklearn import datasets
from sklearn.cluster import KMeans

iris = datasets.load_iris()
X = iris.data[:, :2]  # 降维
print("shape of X =", X.shape)
```

Out

```
shape of X = (150, 2)
```

通过使用 sklearn.cluster.KMeans 类实例，可以执行 KMeans。实例变量 n_cluster 对应混合数 k（见清单 3.33）。

清单 3.33　*k*-均值

In

```
n_cluster = 3
km = KMeans(n_clusters = n_cluster)
```

之后，和 GMM 一样，通过使用 fit 方法进行学习，并将聚类后的结果保存到变量 z 中（见清单 3.34）。

清单 3.34　将聚类结果储存在变量 z 中

In

```
km.fit(X)
z = km.predict(X)
print("shape of y =", z.shape)
print("z's values in ", np.unique(z))
```

Out

```
shape of y = (150,)
z's values in  [0 1 2]
```

试着将聚类的结果可视化吧。cluster_centers_变量中存储了各个聚类的平均向量，因此

可以和 y 一起进行可视化（见清单 3. 35 和图 3. 16）。

清单 3. 35　聚类结果的可视化

In

```
# k-均值聚类的可视化
for i in range(n_cluster):
    X_i = X[z == i, :]
    plt.scatter(X_i[:, 0], X_i[:, 1], marker="${}$".➡
format(i+1), label="cluster={}".format(i+1), s= 60)
plt.scatter(km.cluster_centers_[:, 0],  ➡
km.cluster_centers_[:, 1], marker='o', ➡
label="means vectors", s=100)
plt.show()
```

Out

```
#参见图3.16
```

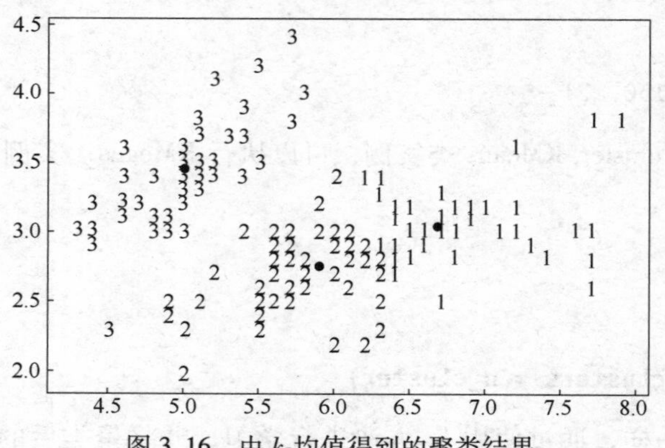

图 3. 16　由 k-均值得到的聚类结果

结果证明，与 GMM 相比可以获得几乎相同的聚类结果。

从能得到与 GMM 同样的结果这点来看，出现了“究竟使用哪个比较好”这个问题。对于这个问题虽然没有明确的答案，但是 GMM 和 k-均值的区别有以下几点：

1）计算量：k-均值<GMM。

2）对于复杂真实分布的坚固性：k-均值<GMM。

3）只有 GMM 能作为生成模型生成人工样本。

意识到这些，对于思考运用哪些实际数据比较好是很重要的。

（3）*k*-均值降维/向量量子化

k-均值可以运用到降维和向量量子化中。

通过 k-均值，可以把 $x \in \mathbb{R}^n$ 对应到离散的簇 $z_x \in \{1, \cdots, k\}$ 中。像这样把将连续值向量对应于离散集合的元素称为向量量子化。向量量子化会导致原来向量的一部分信息丢失，这也是向量量子化压缩作用的反作用。

对于各个簇 $i \in \{1,\cdots,k\}$ 都有 k 维的单位向量 e_i 与之对应，当 $k<n$，可以实现降维，即

$$x \in \mathbb{R}^n \to z_x \in \{1,\cdots,k\} \to e_{z_x} \in \mathbb{R}^k$$

实际上对于，

$$x \in \mathbb{R}^n \to \begin{pmatrix} q_x(1) \\ q_x(2) \\ \vdots \\ q_x(k) \end{pmatrix} \in \mathbb{R}^k$$

GMM 的情况下也能实现这样的降维。

下面试着通过应用 k-均值的向量化进行图像变换。这里用 scipy. misc. face 方法提供的浣熊图像（见清单 3. 36 和图 3. 17）。

清单 3. 36　图像的变换

In

```
img = sp.misc.face(gray=True)
print("shape of racoon: ", img.shape)  ➡
# shape = (768, 1024) : 将各个成分对应像素

X = img.reshape(-1, 1) #  将各个像素作为样本  ➡
shape=(768 * 1024, 1) 转换为ndarray
plt.imshow(img, cmap=plt.cm.gray)
plt.axis("off")
plt.show()
```

Out

```
shape of racoon:  (768, 1024)
#参见图3.17
```

图 3. 17　scipy. misc. face 方法提供的浣熊图像

将图像的各个像素视为样本，对此应用 k-均值（见清单 3.37、清单 3.38 和图 3.18）。因此，每个像素的值不是 0~255，而是对应 $\{1,\cdots,k\}$ 的 k 个平均标量 $\mu_1,\mu_2,\cdots,\mu_k$。因此，$k \ll 255$ 的情况下，可以作为图像压缩来使用。

清单 3.37　k-均值的应用

In

```
n_cluster = 3
km = KMeans(n_clusters=n_cluster)

# 学习并且计算簇
y = km.fit_predict(X)
values = km.cluster_centers_.squeeze()
quantized_img = np.choose(y, values)

print("z's values in", np.unique(quantized_img))
```

Out

```
z's values in [ 42.93150907 110.18243153 175.32492014]
```

清单 3.38　使用 k-均值将各个像素量子化

In

```
compressed_img = quantized_img.reshape((768, 1024))
plt.imshow(compressed_img, cmap=plt.cm.gray)
plt.axis("off")
plt.show()
```

Out

```
#参见图3.18
```

图 3.18　用混合数为 3 的 k-均值，使得各像素量子化（离散化）变换图像的结果（各个像素只取 3 个值）

由于这里把各个像素作为独立的样本来使用，不考虑和周围颜色的关系，所以压缩图像的质量很低。因此，通过学习 $m \times m$ 的像素块可以得到高质量的压缩。

3.4.3　层次聚类

本小节将学习被称作层次聚类的无监督学习算法。在层次聚类中虽然没有明确地涉及真实分布 $p(X)$，但是正如其名，其目的是利用已知样本 $D=\{x_1,\cdots,x_N\}$ 背后隐藏的层次结构进行聚类。

层次聚类的算法主要分为两类：

1）把所有的样本作为一个聚类，慢慢进行分割。

2）各个样本从分散的状态，慢慢地聚集形成大的聚类。

属于 1）的算法称为分割型，属于 2）的算法称为凝缩型。这里只介绍凝缩型。

图 3.19 所示为分层聚类算法的概念图。从最左边分散状态的样本开始，聚集为右边一个聚类的过程对应阶层型聚类算法的凝缩型，从右向左分解的过程对应分割型。图 3.19 同时凝缩了三个以上的样本或簇，这是为了简化图示，本章介绍的凝缩型算法每一步只能凝缩一组。

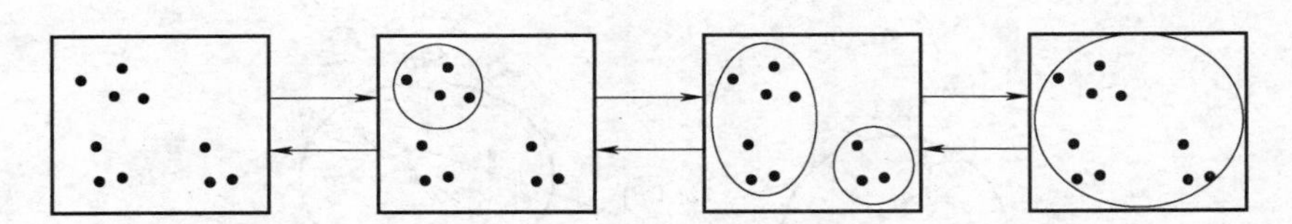

图 3.19　分层聚类算法的概念图（每个点表示样本，包围点的圆圈表示聚类。向右对应凝缩型，向左对应分割型）

（1）集合上的距离函数

接下来将介绍凝缩型阶层型聚类算法（融合法）。

如上所述，在融合法中各个样本从分散状态汇集“相似样本”形成聚类。使用的样本之间相似的标准由分析者掌握。这个基准就叫作距离函数。

对于集合 S，函数 d：$S \times S \to \mathbb{R}$ 就叫作距离函数。

对于 x_1，$x_2 \in S$ 两点，值 $d(x_1,x_2)$ 越小表示越“相近”。

例如，当集合 $S \subset \mathbb{R}^n$ 时，两点的距离 d 表示为欧几里得距离的平方，距离越小表示两点相似度越高。

接下来考虑 S 是日语单词构成的集合的情况。注意：单词 eat $\in \boldsymbol{S}$ 是全部字符集合的子集 cat $\subset \{a,b,c,d,\cdots\}$，把 Jaccard 系数乘上负号作为两个单词的距离，即

$$\mathrm{Jacc}(w_1,w_2):=\frac{\#(w_1 \cap w_2)}{\#(w_1 \cup w_2)}$$

这个情况下，表面上文字相似的单词之间距离较小。

$$\mathrm{Jacc}(\mathrm{cat},\mathrm{cap})=-\frac{\#(\{c,a,t\}\cap\{c,a,p\})}{\#(\{c,a,t\}\cup\{c,a,p\})}=-\frac{\#(\{c,a\})}{\#(\{c,a,t,p\})}=-0.5$$

$$\mathrm{Jacc}(\mathrm{cat},\mathrm{dog})=-\frac{\#(\{c,a,t\}\cap\{d,o,g\})}{\#(\{c,a,t\}\cup\{\mathrm{dog}\})}=-\frac{\#(\{\})}{\#(\{c,a,t,d,o,g\})}=0$$

实际上，通过上式的计算，比起“dog”可以直观地接受“cat”与“cap”文字列更相近这样的距离。通过这样定义距离函数，可以测量点之间的距离，可以确定从那里除法的点聚类之间的距离。在这之前我们先明确簇这个词的定义。

用集合 2^S 表示集合 S 的全部子集。集合 2^S 叫作幂集合，其中的元素 $C\in 2^S$ 叫作簇。例如集合 S 是 $\{x_1,x_2,x_3,x_4\}$ 的情况下，幂集合为

$$2^S=\{\{\},\{x_1\},\{x_2\},\{x_3\},\{x_4\},\{x_1,x_2\},\{x_1,x_3\},\{x_1,x_4\},\{x_2,x_3\},\{x_2,x_4\},\{x_3,x_4\},\{x_1,x_2,x_3\},\{x_1,x_2,x_4\},\{x_1,x_3,x_4\},\{x_2,x_3,x_4\},\{x_1,x_2,x_3,x_4\}\}$$

给定集合 S 和上面的距离函数 d，决定幂集合 2^S 距离的方法有很多种，主要有以下 4 种。

1）最长距离。

最长距离为 2 个簇的 C_1，C_2 样本对距离的最大值（见图 3.20）。

$$d(C_1,C_2):=\max_{x_1\in C_1,x_2\in C_2} d(x_1,x_2)$$

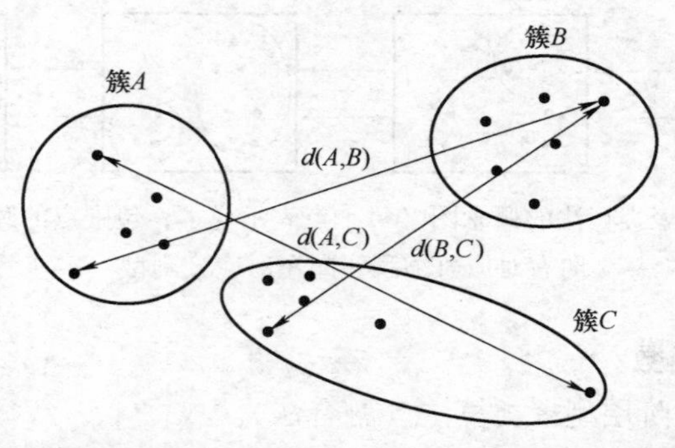

图 3.20　最长距离的概念图（每个簇点的组中最大的组的距离被用作簇的距离）

2）群平均距离。

群平均距离是两个簇中 C_1，C_2 样本对的距离平均值，即

$$d(C_1,C_2):=\frac{1}{\#C_1\times\#C_2}\sum_{x_1\in C_1,x_2\in C_2} d(x_1,x_2)$$

3）最短距离。

最短距离是两个簇的 C_1，C_2 样本对之间的距离的最小值（见图 3.21），即

$$d(C_1,C_2):=\min_{x_1\in C_1,x_2\in C_2} d(x_1,x_2)$$

4）Ward 距离。

Ward 距离比前面 3 个稍微复杂一些。能够应用 Ward 距离的只有给到各聚类 C 的重心，

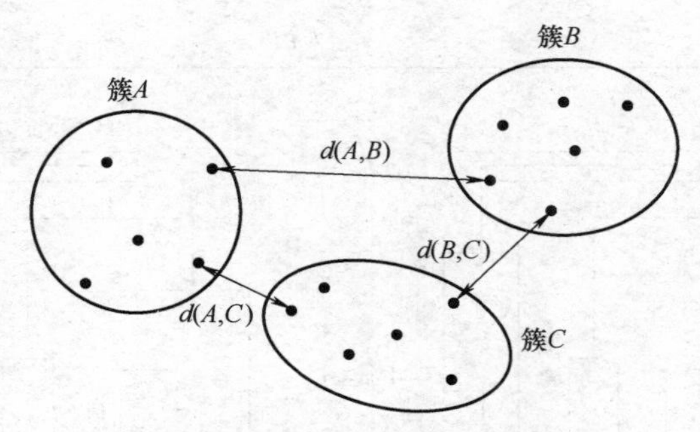

图 3.21　最短距离的概念图

（各个聚类点的组中距离最小的距离被用作簇的距离）

并且能够定义与重心距离 $d(x,\mu_C)$ 的情况。例如，$S=\mathbb{R}^n$ 和欧几里得距离的平方 d，μ_C 可以作为 C 内的平均向量。这时定义 $V(C)$ 为

$$V(C)=\sum_{x\in C} d(\mu_C,x)$$

则 Ward 距离为

$$d(C_1,C_2)=V(C_1\cup C_2)-(V(C_1)+V(C_2))$$

用图来说明这个距离有点难，但是想法是很简单的。从其定义可知，“$d(C_1,C_2)$ 很小”$=V(C_1\cup C_2\approx(V(C_1)+V(C_2))$，如果考虑到 V 表示了簇内偏差的大小，那么即使融合了也几乎不会改变重心的偏差情况。

（2）融合法的算法

把自然数 k 作为最终想要分割数据的簇的数目，对于数据 $D=\{x_1,\cdots,x_N\}\in 2^S$ 和距离 d：$S\times S\to\mathbb{R}$ 的融合方法如下所示。

融合法

1）设 $C_D=\{\{x_1\},\cdots,\{x_N\}\}\subset 2^S$。

2）重复以下操作直至 $\#C_D=k$。

① 计算所有组 C_1，$C_2\in C_D$ 对应的 $d(C_1,C_2)$，即

$$C,C'=\underset{C_1,C_2\in C_D}{\operatorname{argmin}}\quad d(C_1,C_2)$$

② 从 C_D 中拿掉 C 和 C'，代入这 2 个集合的合集 $C\cup C'$，即

$$C_D=\{A\in C_D\mid A\neq C,C'\}\cup\{C\cup C'\}$$

（由此 $\#C_D$ 减少 1）

每一步只融合 1 组聚类，最终得到了 k 个聚类，这与从分散状态构成 k 个系统图的操作相对应（见图 3.22）。

为了实现融合法，需要事先准备距离函数，但是根据距离的选择方式不同，聚类的结果也会有很大的差异。

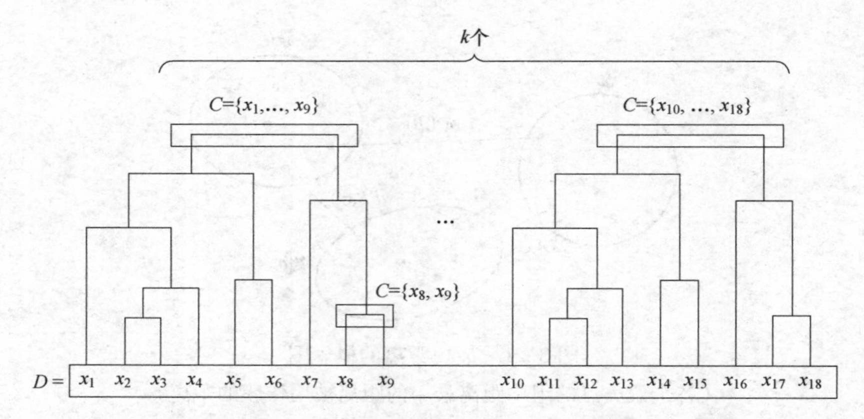

图 3.22　融合法与系统图的对应表（最初从最下边零散的状态开始慢慢融合形成聚类的操作与系统图相对应）

在使用最短距离的融合法时，容易形成大的聚类。实际上，聚类越大，包含的点就越多，结果是最小值的搜索范围就越广，越容易融合。

使用最长距离的情况下，会出现相反的现象。聚类越大，最大值的搜索范围越大，距离越大，结果很难形成大的聚类。如果使用群平均距离和 Ward 距离就没有这种情况。

（3）融合法的实现

接下来就用 scikit-learn 尝试实现融合法。scikit-learn 采用了最长距离、群平均距离以及 Ward 距离这 3 个簇上的距离函数实现融合法。需要注意的是使用 Ward 距离时，根据其性质，点之间的距离函数设定为 L^2 距离。

这里使用手写数字的 digits 数据集进行聚类。首先准备库和数据（见清单 3.39）。

清单 3.39　库和数据的准备

In

```
import numpy as np
import matplotlib.pyplot as plt
import seaborn as sns
from sklearn import datasets
from sklearn.cluster import AgglomerativeClustering
from sklearn.manifold import TSNE

digits = datasets.load_digits()
X = digits.data
```

接下来，使用 Ward 距离实现融合法（见清单 3.40）。通过改变参数 linkage 可以使用其他的距离。另外，n_clusters 对应于上述算法中所讲的 k，同时对应系统图的数量。然后将数据输入 fit_predict 实施融合法，得到的返回值即是各个样本聚类的标签。

清单 3.40　Ward 距离融合法的运用

In

```
clustering = AgglomerativeClustering(linkage='ward', ➡
n_clusters=10)
cluster_label = clustering.fit_predict(X)
```

由于 digits 数据集中各个样本是 8×8＝64 维的，聚类的结果不能绘制并可视化。因此尝试使用 sklearn. manifold. TSNE 类中安装的 t-SNE 算法把维度从 64 维降到 2 维，从而实现可视化（见清单 3.41 和图 3.23）。关于 t-SNE 后面会进行讲述。

清单 3.41　从 64 维降到 2 维并可视化

In

```
X_red = TSNE(n_components=2).fit_transform(X)

markers = [".", ",", "o", "v", "^", "<", ">", "1", ➡
"2", "3"]
for marker, label in zip(markers, np.unique(➡
cluster_label)):
    X_plt = X_red[cluster_label == label, :]
    plt.scatter(X_plt[:, 0], X_plt[:, 1], marker=marker)

plt.figure(figsize=(10,10))
plt.show()
```

Out

```
<Figure size 720×720 with 0 Axes>
#参见图3.23
```

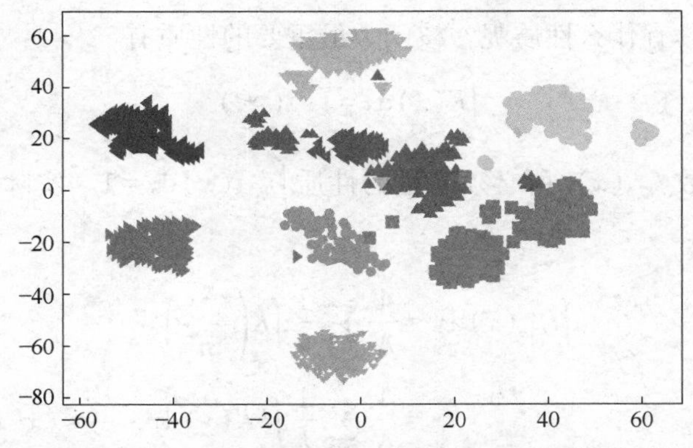

图 3.23　$k=10$ 时 Ward 距离融合法的 t-SNE 可视化图像

由图 3.23 可知，它们被聚类以匹配实际距离。

3.4.4 核密度估计

接下来将介绍核密度估计。核密度估计包含使用混合高斯分布估计真实分布 $p(X)$ 的方法的部分，所以与 3.4.1 小节介绍的用 EM 算法学习 GMM 的方法非常相似，但是实际上是不同的。

核密度估计不仅模型本身没有参数，而且还具有称为一致性的优秀属性，接下来将介绍核密度估计及其性质。

(1) 核密度估计模型

假设数据 $D=\{x_1,\cdots,x_N\}$ 中各个样本服从的概率变量 X 是 n 阶连续概率变量。当常数带宽 $h>0$，核函数 K：$\mathbb{R}^N\rightarrow\mathbb{R}\geqslant 0$ 被定义为函数 $f_{K,h}$：$\mathbb{R}^N\rightarrow\mathbb{R}$，即

$$f_{K,h}(x)=\frac{1}{N}\sum_{i=1}^{N}\frac{1}{h}K\left(\frac{x-x_i}{h}\right)$$

使用真实的概率分布的密度函数（核密度估计器）进行近似的过程称为核密度估计。从上式中可以看到，只要确定了函数和带宽，就无需确定模型参数了。因此，核密度估计被广泛地称为非参数模型。

通过选择函数还可以将其用作生成模型，以便在 $f_{K,h}$ 中采样。尽管这是一种经典的方法，但是由于它没有估计的步骤，可以很轻松地建模，因此至今仍然作为无监督算法被广泛地使用着。

在下面的理论解释中，为了简便起见，只讨论 $n=1$ 的情况，但是可以用完全相同的讨论将其扩展到一般维度的情况。建议将以下书籍作为有关非参数统计模型的综合书籍。

- 『All of Nonparametric Statistics』(Larry Wasserman, Springer, 2005)

(2) 核函数

作为核函数应该具有什么性质呢？核函数最重要的性质有

$$\int K(x)\,\mathrm{d}x=1\cdots(*)$$

这是概率密度函数 $f_{K,h}(x)$ 所必须满足的性质 $\int f_{K,h}(x)\,\mathrm{d}x=1$。实际上可以通过计算来确认 $f_{K,h}$ 是概率密度函数。

$$\begin{aligned}\int f_{K,h}(x)\,\mathrm{d}x &=\frac{1}{N}\sum_{i=1}^{N}\frac{1}{h}\int K\left(\frac{x-x_i}{h}\right)\mathrm{d}x\\ &=\frac{1}{N}\sum_{i=1}^{N}\frac{1}{h}\int hK(y)\,\mathrm{d}y,\quad y=(x-x_i)/h\\ &=1\end{aligned}$$

另外，也是核函数应该满足的性质，即

$$\int xK(x)\,\mathrm{d}x=0\cdots(**)$$

这是接下来要介绍的收敛，也就是核密度估计作为具有近似真实分布的“估计算法”具有良好特性的必要条件。众所周知，无论选择哪种核函数，只要具有这些属性，就不会对最终估计结果产生太大的影响。

高斯核是核函数最基础的一个例子，即

$$K(x)=\frac{1}{\sqrt{2\pi}}\exp\left(-\frac{x^2}{2}\right)$$

（3）一致性

核密度估计器具有一个非常好的性质叫作一致性。在以下假设中，当样本数 N 取无限大的极限时，$f_{K,h}$ 就与真的概率密度函数“一致”。

假设带宽与样本大小有关，因此满足：

$$\lim_{N\to\infty}h_N=0,$$

$$\lim_{N\to\infty}Nh_N=\infty$$

在这个假设的基础上，当真实分布的概率密度函数为 h_N 时，对于所有的点 $x\in\mathbb{R}$，有 $\lim_{N\to\infty}f_{K,h}(x)=f(x)$（in probability）成立。

在这里，“in probability”是指概率收敛，实际上核密度估计器 $f_{K,h}$ 的形状不仅随样本 x_1，x_2，…，x_N 的数量而变化，而且随实现样本的值而变化，因此在数学上可以说是很好地处理（见备忘录）。

备忘录　更严格的内容

本章不会进行更严格的讨论。如果读者对细节感兴趣，请参考以下书籍。

- **『All of Nonparametric Statistics』(Larry Wasserman, Springer, 2005)**

这种情况下，概率收敛表示为

$$\lim_{N\to\infty}\mathbb{E}[f_{K,h}(x)]-f(x)=0$$

$$\lim_{N\to\infty}\mathrm{Var}[f_{K,h}(x)]=0$$

虽然舍弃了一些严密性，接下来进行证明。

首先，概率变量为

$$K_h(x,X)=\frac{1}{h}K\left(\frac{x-X}{h}\right)$$

$f_{K,h_N}(x)$ 与蒙特卡洛近似这个概率变量所得的期望值相等。也就是说，下式成立，即

$$f_{K,h_N}(x)=\frac{1}{N}\sum_{i=1}^{N}K_{h_N}(x,x_i)\approx\mathbb{E}_X[K_{h_N}(x,X)]$$

另外，具体右边计算可得：

$$
\begin{aligned}
&\mathbb{E}\left[K_{h_N}(x,X)\right]\\
&=\int\frac{1}{h_N}K\left(\frac{x-t}{h_N}\right)f(t)\,\mathrm{d}t\\
&=\int K(u)f(x-h_Nu)\,\mathrm{d}u,\quad u=(x-t)/h_N\\
&=\int K(u)\left(f(x)-h_Nuf'(x)+h_N^2u^2f''(x)+o(h_N^2)\right)\mathrm{d}u\\
&=f(x)\left(\int K(u)\,\mathrm{d}u\right)-h_Nf'(x)\left(\int uK(u)\,\mathrm{d}u\right)+h_N^2f''(x)\left(\int u^2K(u)\,\mathrm{d}u\right)+o(h_N^2)\\
&=f(x)+h_N^2f''(x)\left(\int u^2K(u)\,\mathrm{d}u\right)+o(h_N^2)
\end{aligned}
$$

最后一行用到了介绍核函数部分的（*）式和（**）式。由此式可知，当$\lim_{N\to\infty}h_N=0$时，下式成立，即

$$
\mathbb{E}[f_{K,h}(x)]-f(x)=\mathbb{E}[K_{h_N}(x,X)]-f(x)\xrightarrow{N\to\infty}0
$$

通过和上式同样的计算，当$\lim_{N\to\infty}Nh_N=\infty$时，下式成立，即

$$
\mathrm{Var}[f_{K,h}(x)]=\frac{f(x)\int K^2(t)\,\mathrm{d}t}{nh_N}+O\left(\frac{1}{N}\right)\xrightarrow{N\to\infty}0
$$

可知核密度估计器在概率上收敛到真实分布$f(x)$。从收敛性的证明可以看到，如何选择核函数并不是那么的重要。

选择核的差异在于，当考虑$N\to\infty$的极限时，只有$\int u^2K(u)\,\mathrm{d}u$才能做出贡献（只有常数倍的差才会影响收敛性）。

另外，带宽对收敛性的贡献至关重要，使得其选择变得非常敏感。在实际领域中，必须将N视为固定状态，如何确定它是一个非常困难的问题。这个问题已经超出了本章的范围，因此不再继续讨论，但是分析人员应该时常注意带宽。

（4）带宽与平滑度

带宽影响着核密度估计器的平滑度。选择较大的h对应于减少每个样本的重叠度，相反选择较小的h对应于增大样本重叠度，从而影响其平均值表示函数$f_{h,K}(x)$的平滑度（见图3.24）。

由图3.24可知，h越大越平滑，反之h越小就越强调每一个样本，从而得到的函数图像凸凹不平。

（5）有监督学习中的应用

核密度估计作为一种无监督学习算法，也可以应用到有监督学习中。下面的讨论不仅对核密度估计适用，对于GMM等进行直接密度估计的算法也成立。

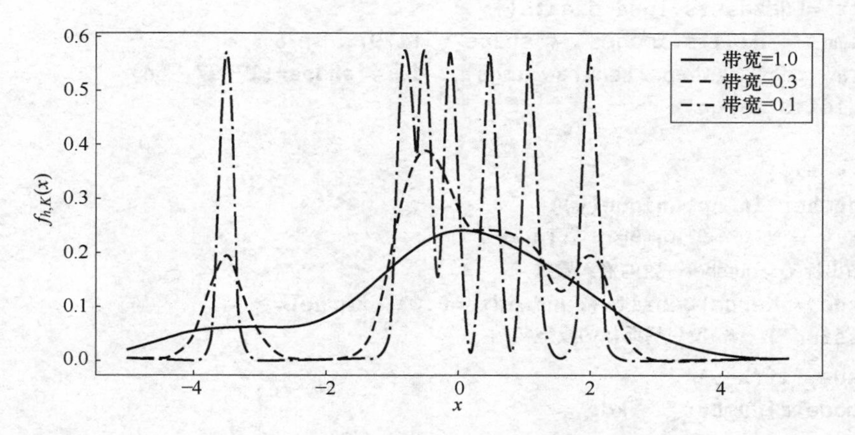

图 3. 24 使用相同的核函数和数据下，不同带宽得到的核密度估计器图像

设有标签的训练数据 $D=\{(x_i,y_i)\}$，可以取的所有值 $y\in\{1,\cdots,C\}$ 有 $D_y=\{x\mid(x,y)\in D\}\subset D$。也就是说，$D_y$ 是由标签为 y 的所有样本的输入值组成的数据集。

想要通过有监督学习进行建模的条件概率 $p(Y=y\mid X=x)$，可以运用贝叶斯定理变形为

$$p(Y=y\mid X=x)=\frac{p(X=x\mid Y=y)p(Y=y)}{p(X=x)}$$

因此，笼统地说，可以通过估计 D_y 来估计 $p(X=x\mid Y=y)$。

其中的一种方法，就是通过各个标签 $y\in\{1,\cdots,C\}$ 对应的模型 $p(X=x\mid Y=y)$ 制作核密度估计器。也就是说，对于 $y\in\{1,\cdots,C\}$，有

$$p(X=x\mid Y=y)=\frac{1}{\#D_y}\sum_{z\in D_y}\frac{1}{h_N}K\left(\frac{x-z}{h}\right)\cdots(*)$$

通过上述建模可以运用到有监督学习中。

（6）scikit-learn 中的实现

接下来在 scikit-learn 中实现核密度估计（见清单 3. 42）。在此使用 digits 分别学习各个数字对应的样本。也就是说，为数字 $y=0$，1，…，9 分别构建一个上述（ * ）式的模型。模型的构建使用 sklearn. neighbors. KernelDensity 类中的 fit 方法。

清单 3. 42 核密度估计的实现

In

```
from sklearn import datasets
from sklearn.neighbors import KernelDensity

# 读入digits数据集
```

```
digits = datasets.load_digits()
raw_imgs = digits.images  # shape = (1797, 8, 8)
X = raw_imgs.reshape(len(raw_imgs), -1) # shape=(17797, 64)
y = digits.target

models = {}
for number in np.unique(y):
    X_y = X[y == number, :] ➡
# 只输出标签与number一致的输入数据
    kde = KernelDensity(bandwidth=0.01, kernel=➡
'gaussian')  # 使用高斯核的模型实例
    kde.fit(X_y)
    models[number] = kde
```

至此，可以得到与各个标签对应的高斯核的核密度函数，并储存在字典型变量 models 中。使用各自的模型，像 GMM 一样，生成人工样本并将其可视化（见清单 3.43 和图 3.25）。使用 sample 方法生成样本。

清单 3.43 可视化

In

```
output_size = 15
sample_num = output_size **2

for number in np.unique(y):
    # 返回8x8的shape
    samples = models[number].sample(sample_num).reshape➡
((-1,8,8))
    img = []
    for i in range(output_size):
        row = []
        for j in range(output_size):
            row.append(samples[i*5 + j, :,:])
        row = np.concatenate(row, axis=1)
        img.append(row)

    img = np.concatenate(img, axis=0)
    plt.imshow(img, cmap=plt.cm.gray)
    plt.axis("off")
    plt.show()
```

Out

```
※参见图3. 25
```

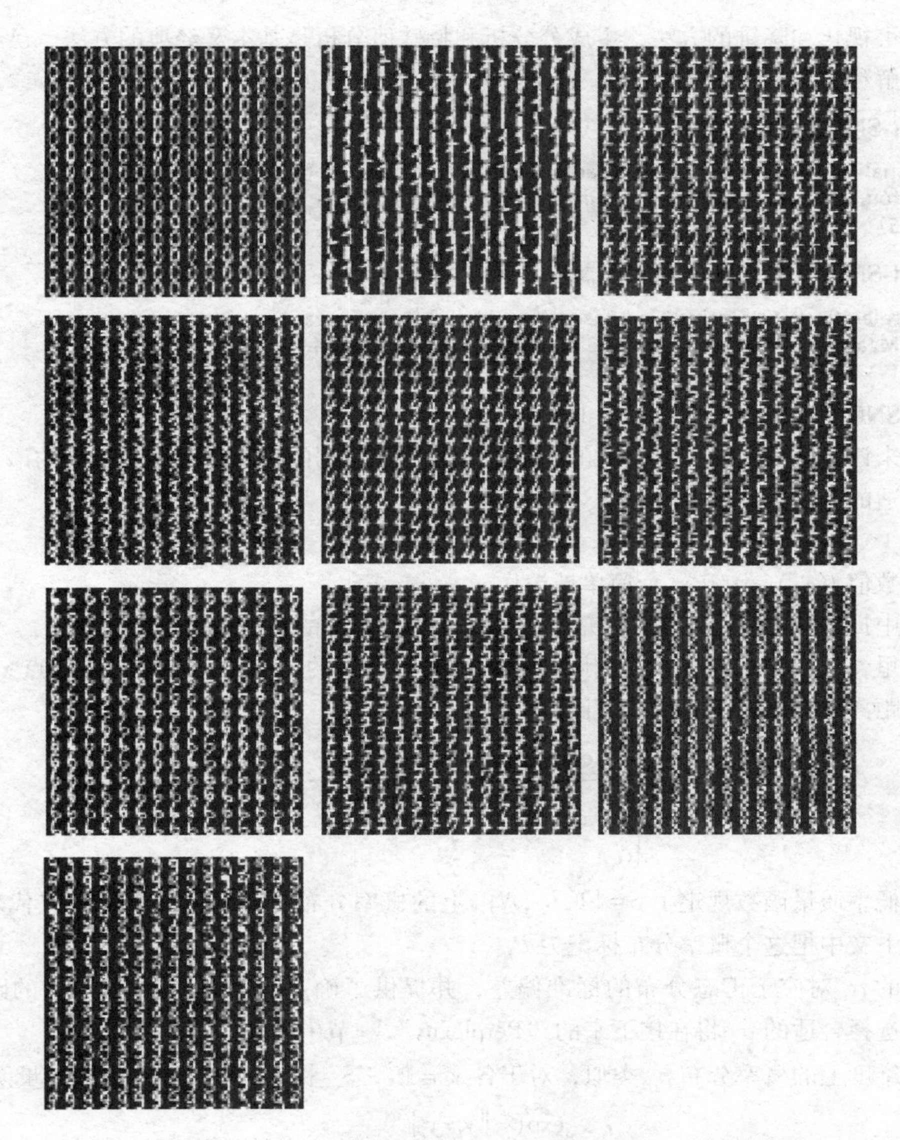

图 3.25　对每个标签进行核密度估计，从各个模型中生成人工数据的结果
（可以估计各个标签 y 的图像 x 的密度函数 $p(X=x \mid Y=y)$）

3.4.5　t-SNE

本小节将介绍近年来作为“非线性的”可视化方法被广泛使用的 t-SNE。在 3.4.3 小节中用 t-SNE 实现过数据的可视化，在此仅对该算法的理论层面进行解说。

t-SNE（参照备忘录）和其高速化版（参照备忘录）是分别在 2008 年和 2014 年发表的方法，在本章中介绍的无监督学习算法中属于新的种类。

作为可视化和降维的方法，主成分分析和特殊值分析是基本又经典的方法，已经有很多书籍做过解释，本章予以省略。

备忘录　t-SNE 的参考文献

- 『Visualizing Data using t-SNE』(Laurens van der Maaten, Geoffrey Hinton, Journal of Machine Learning Research 9, 2008, 2579-2605)

备忘录　t-SNE 高速化版的参考文献

- 『Accelerating t-SNE using Tree-Based Algorithms』(Laurens van der Maaten, Journal of Machine Learning Research 15.1, 2014, 3221-3245)

(1) SNE (Stochastic Neighbor Embedding)

接下来讨论分布在比三维更大的向量空间中样本数据的可视化。换作数学的语言，相当于构建合适的函数，即

$$f: D \subset \mathbb{R}^m \to \mathbb{R}^2$$

将函数值 $f(x_1), \cdots, f(x_N)$ 简单地记作 y_1，…，y_N。

上文中提到“合适的函数”，究竟从什么意义上合适的函数是可取的呢?

在这里，认为“保持样本之间距离的函数”是合适的。为此，首先使用各点 $x_i \in \mathbb{R}^m$ 的欧几里得距离来考虑以下概率质量函数 $p_{j|i}$：

$$p_{j|i} = \begin{cases} \dfrac{\exp(-\|x_i - x_j\|^2 / 2\sigma_i^2)}{\sum_{k \neq i} \exp(-\|x_i - x_k\|^2 / 2\sigma_i^2)} & (j \neq i) \\ 0 & (j = i) \end{cases}$$

这个概率质量函数规定了 $S = \{1, \cdots, N\}$ 上的概率分布，离其定义越近的点代表概率质量越大。下文中把这个概率分布标记为 P_i。

定义的 σ_i 对应于正态分布的标准偏差，并提供了确定样本分布在 x_i 周围的距离的参数。如何选择合适的 σ_i 将在接下来的“Perplexity”一节中讨论。

与高维度上的概率分布 $p_{j|i}$类似，对于各 $y_i \in \mathbb{R}^2$，$S = \{1, \cdots, N\}$ 上有概率质量函数

$$q_{j|i} = \begin{cases} \dfrac{\exp(-\|y_i - y_j\|^2)}{\sum_{k \neq i} \exp(-\|y_i - y_k\|^2)} & (j \neq i) \\ 0 & (j = i) \end{cases}$$

因为方差参数与最终结果无关，是固定的 $1/\sqrt{2}$。确定概率质量函数的分布记作 Q_i。

现在，如果函数 f 是一个保持距离的函数，那么两个概率分布应该是完全一致的。因此，如果确定函数 f 的值 y_1，…，y_N 以减小 KL 发散 $\mathrm{KL}(P_i, Q_i)$，则可以实现“保持样本之间的距离”的目的。

更确切地说，需要最小化：

$$C(y_i,\cdots,y_N)=\sum_{i=1}^{N}\mathrm{KL}(P_i,Q_i)=\sum_{i,j}p_{j|i}\log\frac{p_{j|i}}{q_{j|i}}\cdots(*)$$

求 y_i，…，y_N。

这个损失函数的微分为

$$\frac{\partial C}{\partial y_i}=2\sum_j(p_{j|i}-q_{j|i}+p_{i|j}-q_{i|j})(y_i-y_j)$$

通常使用梯度下降方法来最小化它。这种嵌入低维空间中以保持高维数据样本之间的距离的算法被称为 SNE。

（2）Perplexity

要执行 SNE，必须确定一个参数 σ_1，…，σ_N，来表示在高维度上每个样本的距离偏差。把 σ_i 固定为与 i 无关的值不一定是合适的。实际上，如果样本集中在点 x_i 周围，则最好将 σ_i 设置为较小的值，反之，如果样本不集中，则最好将 σ_i 设置为较大的值。

表示概率分布分散程度的指标之一的平均信息量为

$$H(P):=-\sum_i p_i\log_2 p_i$$

用它来确定指标 Perplexity，即

$$\mathrm{Perp}(P):=2^{H(P)}$$

除了 SNE 之外，下面介绍的诸如 Symmetric SNE 和 t-SNE 之类的算法还可以确定 σ_1，…，σ_N，以便使分析员预定义的值与 $\mathrm{Perp}(P_1)$，…，$\mathrm{Perp}(P_N)$ 匹配。这些可以通过二分搜索来完成。

直观地说，Perplexity 是一个参数，用于确定在分布 P_i 时要考虑的 x_i 相邻样本的程度，即由核密度估计确定带宽的平滑度。在“Visualizing data using t-SNE”一文中，Perplexity 对 SNE 结果的影响不大，建议将其设置在 5~50。

（3）Symmetric SNE

SNE 是 2003 年提出的（见备忘录），被称为优秀的可视化方法，但这个方法有几个难点。克服这一困难的一种方法是 t-SNE，接下来将讨论 t-SNE 所基于的 Symmetric SNE。

备忘录 SNE

● 『Stochastic Neighbor Embedding』（Geoffrey Hinton and Sam Roweis, Advances in Neural Information Processing Systems, 2003）

设 SNE 在 $S=\{1,\cdots,N\}$ 上的概率分布为 P_1，…，P_N，Q_1，…，Q_N。这样就可以解释为 $S\times S=\{(i,j)\mid i,j=1,\cdots,N\}$ 上同时概率分布的条件概率分布。实际上，定义

$$P(i,j)=\frac{1}{N}p_{i|j}$$

$$P(i)=\frac{1}{N}$$

则

$$\sum_{i,j=1}^{N}P(i,j)=\sum_{i}^{N}\frac{1}{N}\left(\sum_{j}^{N}p_{i|j}\right)=\sum_{i}^{N}\frac{1}{N}=1$$

$P(i,j)$ 是一个概率分布，从它的定义可以明显地看出，对于同时分布 P，$p_{i|j}$对应于给定 j 时 i 值对应的条件概率。此外，定义

$$Q(i,j)=\frac{1}{N}q_{i|j}$$

$$Q(i)=\frac{1}{N}$$

同样地，对于同时分布 Q，$q_{i|j}$对应于给定 j 时 i 值的条件概率。

由性质 $p_{i|j}\neq p_{j|i}$和 $q_{i|j}\neq q_{j|i}$可知，SNE 对应的两个同时分布具有“非对称性”。像这样，通常 SNE 具有非对称性，而 Symmetric SNE 具有如下“对称性”的同时分布，即

$$P(i,j)=\frac{p_{i|j}+p_{j|i}}{2N}$$

$$Q(i,j)=\begin{cases}\dfrac{\exp(-\|y_i-y_j\|^2)}{\sum_{k\neq l}\exp(-\|y_k-y_l\|^2)} & (j\neq i)\\ 0 & (j=i)\end{cases}$$

将这些 KL 发散作为损失函数最小化 $C(y_1,\cdots,y_N):=\mathrm{KL}(P,Q)$ 来确定 y_1，…，y_N。具有比“非对称的”SNE 更简单的形式，可以使用梯度下降法来进行最小化，其微分如下

$$\frac{\partial C}{\partial y_i}=4\sum_{j}(P(i,j)-Q(i,j))(y_i-y_j)$$

（4）t-SNE

Symmetric SNE 具有更简洁的微分形式，但它仍存在一些难点，那就是维数灾难。由于维数灾难，高维空间的样本点 x_1，…，x_n 之间的距离可能会非常小（参照备忘录），这与能在二维空间可视化的距离尺度不同。如果将此距离放在指数函数的指数位置，P 和 Q 得到衰减的高斯分布。此时因为距离尺度的表征方法不同，则无法得到正确的结果。

备忘录　维数灾难与距离的关系

- 『When Is “Nearest Neighbor” Meaningful?』(Kevin Beyer, Jonathan Goldstein, Raghu Ramakrishnan, and Uri Shaft, International conference on database theory. Springer, Berlin, Heidelberg, 1998)

为了使高维度上的小距离对应于低维度上的相对较大的值，Q 的分布必须是重尾分布。

重尾分布是指衰减速度慢于指数函数的分布。

t-SNE 使用自由度 1 的 student t-分布的密度函数（见图 3. 26）$\mathrm{Student}(t):=\frac{1}{\pi(1+t^2)}$定义 Q 的分布。

$$Q(i,j)=\frac{\mathrm{Student}(\|y_i-y_j\|)}{\sum_{k\neq l}\mathrm{Student}(\|y_k-y_l\|)}=\frac{(1+\|y_i-y_j\|^2)^{-1}}{\sum_{k\neq l}(1+\|y_k-y_l\|^2)^{-1}} \quad \cdots(*)$$

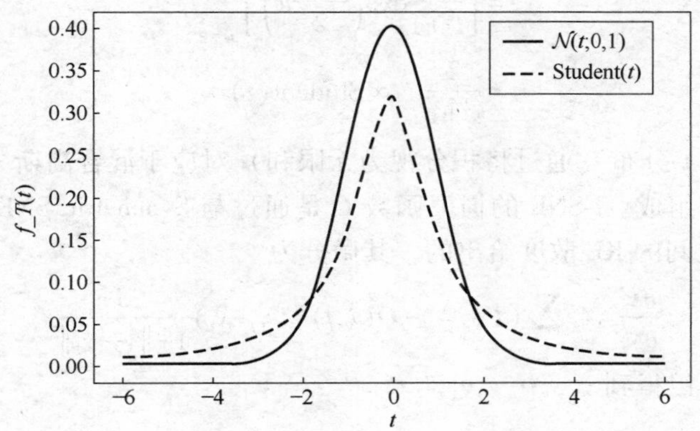

图 3. 26　student t-分布和标准正态分布的密度函数图像
（前者衰减缓慢，可知为重尾分布）

使用 student t-分布的另一个理论背景是 student t-分布与正态分布密切相关。更具体地说，事实是 student t-分布可以被解释为具有无限个不同方差的高斯分布的混合高斯分布，因此，在（Symmetric）SNE 中固定的 Q 正态分布方差可以被解释为在 t-SNE 中具有无限自由度的模型。可以按如下进行简单的确认。

假设有两个概率变量 T、V。给定 V 时 T 的条件分布 $T\mid V$ 的均值为 0、方差为 v 的正态分布 $T\mid V\sim\mathcal{N}(t\mid 0,v)$，则 V 的密度函数服从下式中的逆伽马分布，即

$$\begin{aligned}\mathrm{InverseGamma}(v)&:=\frac{1}{\sqrt{2\pi}}v^{-\frac{3}{2}}\exp\left(-\frac{1}{2v}\right)\\&\propto v^{-\frac{3}{2}}\exp\left(-\frac{1}{2v}\right)\end{aligned}$$

在这种情况下，T 的概率密度函数通过将 T 对 V 边缘化，即

$$\begin{aligned}f_T(t)&=\int_0^\infty f_{T\mid V}(t)f_V(v)\,\mathrm{d}v\\&=\int_0^\infty \mathcal{N}(t\mid 0,v)\,\mathrm{InverseGamma}(v)\,\mathrm{d}v\end{aligned}$$

$$
\begin{aligned}
&\propto \int_0^{\infty} \frac{1}{\sqrt{v}} \exp\left(-\frac{t^2}{2v}\right) v^{-\frac{3}{2}} \exp\left(-\frac{1}{2v}\right) \mathrm{d}v \\
&= \int_0^{\infty} \frac{1}{\sqrt{v^2}} \exp\left(-\frac{t^2+1}{2v}\right) \mathrm{d}v \\
&= \int_{-\infty}^{0} \exp\left(\frac{t^2+1}{2} w\right) \mathrm{d}w \qquad (w=-1/v) \\
&= \left[\frac{2}{t^2+1} \exp\left(\frac{t^2+1}{2} w\right)\right]_{w=-\infty}^{w=1} \\
&= \frac{2}{t^2+1} \quad \propto \mathrm{Student}(t)
\end{aligned}
$$

事实上，student t-分布（通过将积分视为无限和）对应于混合高斯分布，其中无限个方差由不同的正态分布组成。t-SNE 的损失函数 C 是通过与 Symmetric SNE 的情况类似的分布 P 和由概率分布 Q 之间的 KL 散度给出的，其微分为

$$
\frac{\partial C}{\partial y_i} = 4 \sum_j (P(i,j) - Q(i,j))(y_i - y_j) \frac{1}{1 + \| y_i - y_j \|^2}
$$

将其最小化就可以得到 y_1，…，y_N。

第 4 章　数据的整合与处理

为了将第 2 章、第 3 章的问题应用于更实际的问题，本章将对数据的整合和处理进行介绍。

4.1　机器学习中数据的使用流程

作为本章的导入，本节先来学习实际应用中机器学习的流程和数据整形的必要性。

图 4.1 引用了“Hidden Technical Debt in Machine Learning Systems”。

如论文中所述，机器学习本身不过是实际运行的服务系统中的一部分（见图 4.1 中“ML Code”的部分）。

Only a small fraction of real-world ML systems is composed of ML code, as shown by the small black box in the middle.

The required surrounding infrastructure is vast and complex.

因此，即便在某个角度理解了理论，也不能将其应用于实际问题中。如图 4.2 所示，到能活用需要经过很多过程。

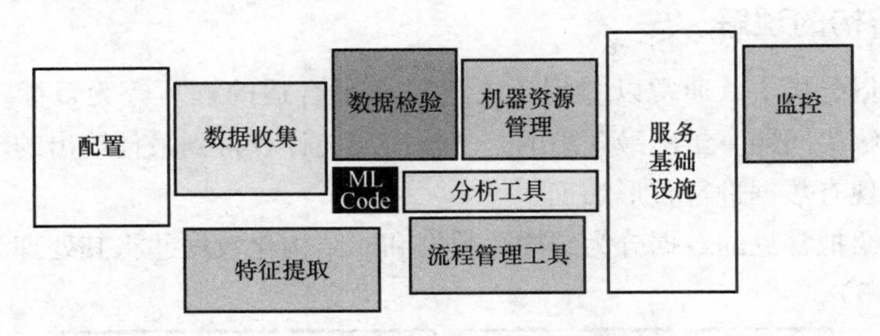

图 4.1　实际业务中机器学习的定位

引用 『Hidden Technical Debt in Machine Learning Systems』のFigure 1 (Only a small fraction of real-world ML systems is composed of the ML code, as shown by the small black box in the middle. The required surrounding infrastructure is vast and complex.) より引用

参考文献 『NIPS'15 Proceedings of the 28th International Conference on Neural Information Processing Systems - Volume 2』、P.2503-2511.

将数据输入机器学习模型中，直到利用数据的系统流程如图 4.2 所示。

可利用的数据类型大致分为结构化数据和非结构化数据，存储在关系数据库等中。这些数据通常被处理为易于使用的形式，并存储在称为数据存储区或数据集市的地方（本章不涉及数据存储等）。然后通过 SQL 和 Pandas 从这个数据存储中提取和加工数据，作为机器学习模型的输入和监督数据使用。

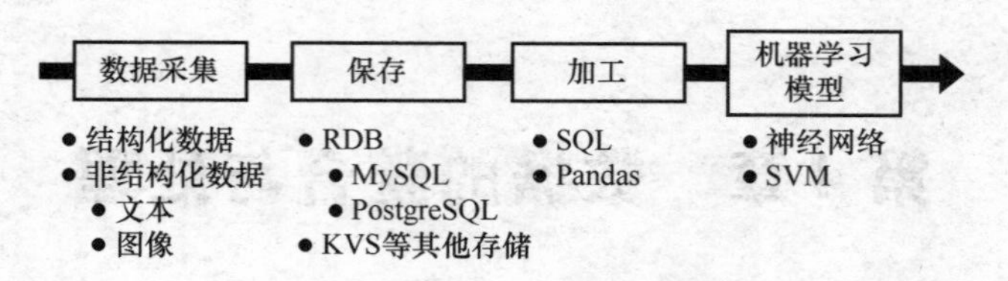

图 4.2　利用数据的系统流程

本章接下来的内容将介绍图 4.2 中的“加工”过程，并提供具体的示例。第 4.2 节将主要讨论数据提取，第 4.3 节将讨论结构化数据的格式。此外，将在 4.4 节中简要介绍近年来越来越多的非结构化数据（如文本和图像）的处理方法。在 4.5 节中，将解释在实际操作中经常使用的不平衡数据的处理。

- 4.2 节数据的获取和整合
- 4.3 节数据的格式化
- 4.4 节非结构化数据的处理
- 4.5 节不平衡数据的处理

4.2　数据的获取和整合

本节中将结合几个例子来说明机器学习的数据收集方法。

4.2.1　数据结构的理解

在实际的数据分析中，通常以“用于决策”“求最合适的解”等为目标，使用第 3 章中介绍的各种模型解决问题。虽然最理想的是从输出反向计算得到最佳输出的输入数据，但是实际上有必要对现有数据进行整形加工。

本小节将介绍把常见的数据分为结构化数据和非结构化数据并将其处理为适合输入格式的方法（见图 4.3）。

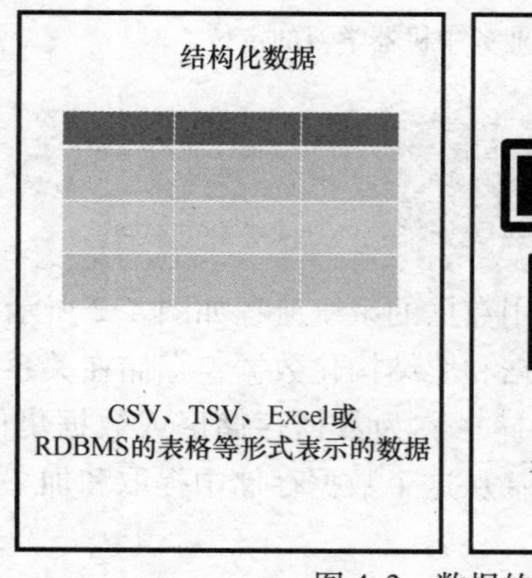

图 4.3　数据的结构

4.2.2　从结构化数据中读取数据

在实践中处理的大部分结构化数据有两种类型：可以以表格形式表示的“关系模型”和“树结构模型”（JSON 等）。在关系模型中，首先介绍向量提取方法，这个方法用于生成可以由机器学习模型根据实际数据处理的向量。在实际数据分析中，有时使用 Pandas 等程序库对从储存关系模型的数据库（Relational Database，RDB）中使用 SQL 语言操作、提取的样式和 RDB 中提取的数据（CSV 等）进行整形。在本章中，将介绍如何使用 Pandas 中的代码以实用的格式进行数据的提取和处理。

虽然本章只介绍 Pandas，但是学习 SQL 对实际的商业环境有很大的帮助。从 2010 年初开始，随着大规模数据处理基础的发展，人们可以处理大量的数据。因此，与传统的数据库处理方式不同，大部分的引擎基于 SQL，学习简单的 SQL 可以有很好的应用。另外，也可以在与 SQL 相关的 SQLZOO（见图 4.4）中练习数据的提取。

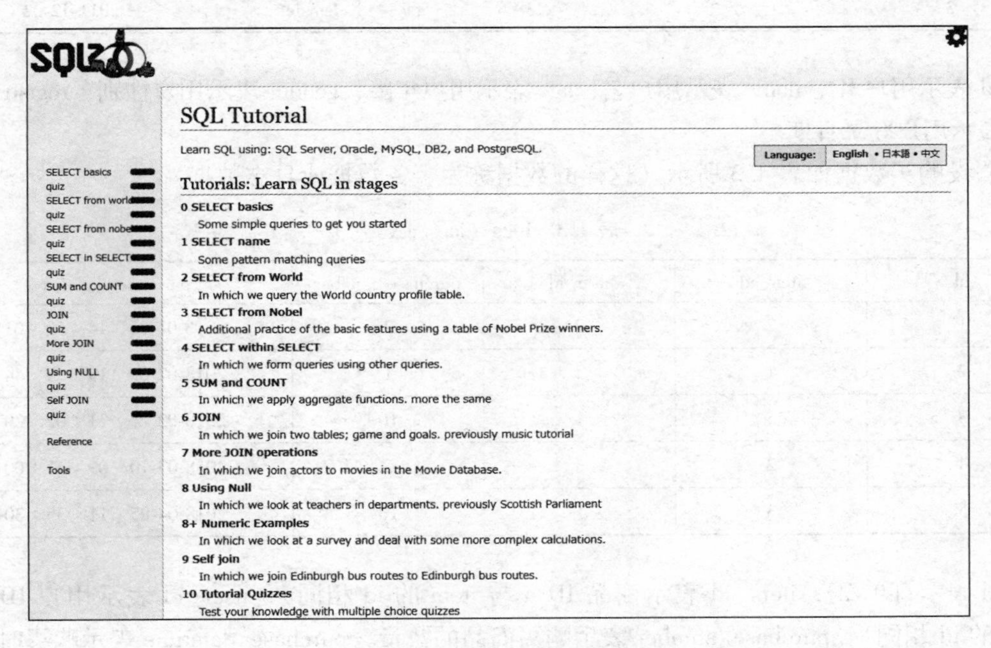

图 4.4　SQLZOO
（URL https://sqlzoo.net/）

关系模型

关系模型可以以行和列构成的表的形式记录数据。由于关系模型及数据库相关的书籍已经有很多，因此本章中省略详细说明。表 4.1 展示了商品及用户等相关数据的例子（这样的数据称为主数据）。

表 4.1　**items**（items. csv）

id	name	price	created_date
1	A	300	2017-02-01
2	B	100	2018-01-05
3	C	500	2018-03-10

id 表示商品 ID，price 表示价格（见表 4.2）。

表 4.2　**users**（users. csv）

id	name	age	gender	registration_date
1	たけし	25	male	2018-04-01
2	たかし	55	male	2016-06-24
3	たかこ	38	female	2011-12-02

id 表示用户 ID，name 表示用户名，age 表示用户年龄，gender 表示用户性别，registration_date 表示用户登录日期。

假设购买数据如表 4.3 所示（这样的数据称为事务数据或日志数据）。

表 4.3　**logs**（logs. csv）

id	item_id	user_id	purchase_number	purchase_datetime
1	2	2	2	2018-01-01　14：59：01
2	1	2	1	2018-02-07　19：23：44
3	3	1	10	2018-02-22　21：02：20
4	2	3	5	2018-03-10　09：41：00
5	3	1	10	2018-04-05　11：35：30

id 表示订单 ID，item_id 表示商品 ID（与 item 的 id 相同），user_id 表示用户 ID（与 users 的 id 相同），purchase_number 表示购买商品的数量，purchase_datetime 表示购买时间。

事务数据通常情况下在被记录之后删除，可以没有变化地添加。相反，主数据可以被重写。因此，在分析和生成机器模型时，通常使用特定时间的主数据（特定时间点的数据称为快照）。在大型数据处理基础结构中，事务数据有时又称为事实表。与 RDB 相似，它通过组合主数据来提取所需数据。

如图 4.5 所示，关系模型可以关联和处理多个表格。Pandas 中记录了为获得机器学习所期待的输出而提取数据的方法。在本小节中，假设 CSV 用 Pandas 来读取数据。

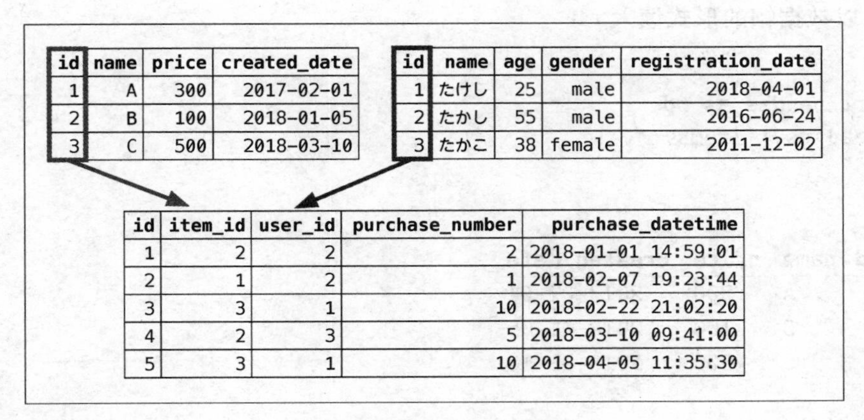

id	name	price	created_date
1	A	300	2017-02-01
2	B	100	2018-01-05
3	C	500	2018-03-10

id	name	age	gender	registration_date
1	たけし	25	male	2018-04-01
2	たかし	55	male	2016-06-24
3	たかこ	38	female	2011-12-02

id	item_id	user_id	purchase_number	purchase_datetime
1	2	2	2	2018-01-01 14:59:01
2	1	2	1	2018-02-07 19:23:44
3	3	1	10	2018-02-22 21:02:20
4	2	3	5	2018-03-10 09:41:00
5	3	1	10	2018-04-05 11:35:30

图 4.5　关系模型

4.2.3　读取数据

首先，为了输入机器学习的模型，需要提取输入数据。根据问题的设定，大部分情况下不会使用全部的数据。例如，在有监督学习的预测问题中提取过去特定期间的数据。在那个期间使用多少量是非常重要的。下面将介绍如何用 Pandas 提取数据。

（1）Pandas 提取

接下来介绍一个用 Pandas 抽取 CSV 文件中数据的例子（如前所述，实际上通常使用 SQL 直接从数据库中提取）。

假设 items、users、logs 分别在逗号区分的文件夹中给出。

```
items.csv
users.csv
logs.csv
```

这里以 CSV 为例进行说明。在数据分析的环境中，TSV 格式比 CSV 格式更受欢迎。因为如果记录中允许使用文本或者字符串的话，很可能有包含“，”的情况，很难正确处理。

（2）读入 CSV 文件

首先尝试用 Pandas 读入 CSV 文件。请将各个 CSV 文件（items.csv、users.csv、logs.csv）保存在 jupyter notebook 文件夹所在的目录（第 1 章创建的虚拟环境的目录下）中。

● **pandas.read_csv**
URL https://pandas.pydata.org/pandas-docs/stable/generated/pandas.read_csv.html

接下来使用 Pandas 的 read_csv 函数读入 CSV 文件。

执行清单 4.1 的命令，可以以数据帧的格式读入 TSV。

清单 4.1　以数据帧的形式读入 csv

In

```
import pandas as pd
pd.read_csv('items.csv')
```

Out

	id	name	price	created_date
0	1	A	300	2017-02-01
1	2	B	100	2018-01-05
2	3	C	500	2018-03-10

（3）简单的样本

提取第 1 条记录可以使用 head 函数。这是一个非常重要的函数，可以通过查看前 n 个数据了解概况（见清单 4.2）。

清单 4.2　提取第 1 条记录

In

```
import pandas as pd
items = pd.read_csv('items.csv')
items.head(1)
```

Out

	id	name	price	created_date
0	1	A	300	2017-02-01

如清单 4.3 所示，使用“:”（冒号）可以提取指定位置的前一个记录。

清单 4.3　另一种方法：提取第一条记录

In

```
import pandas as pd
items = pd.read_csv('items.csv')
items[:1]
```

Out

	id	name	price	created_date
0	1	A	300	2017-02-01

使用 tail 函数可以提取最后一个数据（见清单 4.4）。

清单 4.4　最后一个数据的提取

In

```
import pandas as pd
items = pd.read_csv('items.csv')
items.tail(1)
```

Out

	id	name	price	created_date
2	3	C	500	2018-03-10

如清单 4.5 所示，使用“:”（冒号）可以得到与清单 4.4 同样的结果。

清单 4.5　另一种方法：提取最后的数据

In

```
import pandas as pd
items = pd.read_csv('items.csv')
items[-1:]
```

Out

	id	name	price	created_date
2	3	C	500	2018-03-10

(4) 按列提取

按列提取如清单 4.6 所示。

清单 4.6　按列提取

In

```
import pandas as pd
items = pd.read_csv('items.csv')
items['name']
```

Out

```
0    A
1    B
2    C
Name: name, dtype: object
```

(5) 行（记录）的提取

行（记录）中值的提取如清单 4.7 所示。

清单 4.7　行（记录）的提取

In

```
import pandas as pd
items = pd.read_csv('items.csv')
items[items['name'] == 'A']
```

Out

	id	name	price	created_date
0	1	A	300	2017-02-01

另外，也可以指定范围。如清单 4.8 所示，可以获取 id>1 的记录。

清单 4.8　获取 id>1 的记录

In

```
import pandas as pd
items = pd.read_csv('items.csv')
items[items['id'] > 1]
```

Out

	id	name	price	created_date
1	2	B	100	2018-01-05
2	3	C	500	2018-03-10

另外，也可以设置多个条件。当抽取 id>1 且 price>200 的商品时，用 & 表示（见清单 4.9）。

清单 4.9　使用多个条件检索记录

In

```
import pandas as pd
items = pd.read_csv('items.csv')
items[(items['id'] > 1) & (items['price'] > 200)]
```

Out

	id	name	price	created_date
2	3	C	500	2018-03-10

(6) 排序（分类）

分类是排序的过程，在按时间顺序排列等情况下使用。另外，在检索和 EC 网站中使用的情况也很多。

接下来看一个按价格排列 items 的例子。

如清单 4.10 所示，按升序排列时可以用 sort_values。

参考　pandas.DataFrame.sort_values
URL　https://pandas.pydata.org/pandas-docs/stable/generated/pandas.DataFrame.sort_values.html

清单 4.10　排序示例

In

```
import pandas as pd
items = pd.read_csv('items.csv')
items.sort_values(by='price').head(3)
```

Out

	id	name	price	created_date
1	2	B	100	2018-01-05
0	1	A	300	2017-02-01
2	3	C	500	2018-03-10

默认情况下按升序排列，但是可以通过设置 ascending 的参数为 false 使其按降序排列（见清单 4.11）。

清单 4.11　设置 ascending 的参数为 false

In

```
import pandas as pd
items = pd.read_csv('items.csv')
items.sort_values(by='price', ascending=False).head(3)
```

Out

	id	name	price	created_date
2	3	C	500	2018-03-10
0	1	A	300	2017-02-01
1	2	B	100	2018-01-05

(7) 随机取样

例子中是少量的数据，然而在实际操作时，经常会涉及大规模的数据。此外，在机器学习中也有必要分别使用训练数据和测试数据。清单 4.12 展示了随机抽取数据的方法。

清单 4.12　随机抽取数据的方法

In

```
import pandas as pd
logs = pd.read_csv('logs.csv')
logs.sample()
```

Out

	id	item_id	user_id	purchase_number	purchase_datetime
3	4	2	3	5	2018-03-10 09:41:00

每次的运行结果都会变化。

还可以指定抽取 frac 中行和列的比例（见清单 4.13）。

清单 4.13　指定随机抽取行和列的比例

In

```
import pandas as pd
logs = pd.read_csv('logs.csv')
logs.sample(frac=0.5)
```

Out

	id	item_id	user_id	purchase_number	purchase_datetime
2	3	3	1	10	2018-02-22 21:02:20
0	1	2	2	2	2018-01-01 14:59:01

参考　pandas.DataFrame.sample
URL　https://pandas.pydata.org/pandas-docs/stable/generated/pandas.DataFrame.sample.html

近年来，计算资源既便宜又丰富，再加上分散处理的结构很好用，所以运用全部数据的情况也很多，但是由于 Python 也有不能立刻处理全部数据的情况，因此用少量的样本制作原型也是很有必要的。

4.2.4　分组聚合

数据在记录中很少直接使用。因此，通过对数据的整合，按用户或者按项目、按日或者按月对数据进行整理，使得其对结果的解释变得容易，这是一件非常重要的事情。在整合过程中，通过求和、求平均值可以了解数据的性质。

Pandas 分组聚合

Pandas 通过使用 groupby 函数进行整合。

要按用户（user_id）整合，可以按照清单 4.14 编写程序。

清单 4.14　每个用户购买数量的合计与平均值

In

```
logs.head(1)
```

Out

	id	item_id	user_id	purchase_number	purchase_datetime
0	1	2	2	2	2018-01-01 14:59:01

In

```
# 每个用户购买数量的合计
import pandas as pd
logs = pd.read_csv('logs.csv')
logs.groupby('user_id')['purchase_number'].sum()
```

Out

```
user_id
1    20
2     3
3     5
Name: purchase_number, dtype: int64
```

In

```
# 每个用户购买数量的平均值
logs.groupby('user_id')['purchase_number'].mean()
```

Out

```
user_id
1    10.0
2     1.5
3     5.0
Name: purchase_number, dtype: float64
```

同样可以按每个商品 ID（item_id）进行整合，也可以与提取排序结合使用。

如清单 4.15 所示，将每个用户（user_id）的平均购买数量按降序排序。

清单 4.15　每个用户购买数量的平均值排名

In

```
# 每个用户购买数量的平均值排名
logs.groupby('user_id')['purchase_number'].mean().➡
sort_values(ascending=False)
```

Out

```
user_id
1    10.0
3     5.0
2     1.5
Name: purchase_number, dtype: float64
```

另外，在数据分布极端的情况下，有时中位数比平均值更有用。这时可以使用 median()。样本关系模型的输出不变（见清单 4.16）。

清单 4.16　每个用户购买数量的中位数排名

In

```
# 每个用户购买数量的中位数排名
logs.groupby('user_id')['purchase_number'].median().➡
sort_values(ascending=False)
```

Out

```
user_id
1    10.0
3     5.0
2     1.5
Name: purchase_number, dtype: float64
```

4.2.5　时间格式的操作方法

大部分数据都被赋予了时间，例如 users 的 registration_date 和 items 的 created_date 等。将结构化数据用于机器学习模型时，可以统计每分、每小时、每天的数据加以利用。

下面分别介绍时间的代表类型的处理方法、时间间隔的分隔方法以及提取方法。

（1）时间的类型：将字符串转换为 datetime

查看包含购买数据的 logs，purchase_datetime 就变成了 str 类型（见清单 4.17）。

清单 4.17　数据包括购买数据的 logs

In

```
type(logs['purchase_datetime'][0])
```

Out

```
str
```

将清单 4.17 转换为 datetime 类型，以便于处理日期和时间（见清单 4.18）。

清单 4.18　将日期转换为 datetime 类型

In

```
# 默认设置
pd.to_datetime(logs['purchase_datetime'][0])
# 高级指定(结果是一样的)
pd.to_datetime(logs['purchase_datetime'][0], ➡
format='%Y-%m-%d %H:%M:%S')
```

Out

```
Timestamp('2018-01-01 14:59:01')
```

pd. to_datetime( ) 的返回值为 Timestamp 类型。虽然可以毫无违和感地使用它，但是通过 to_pydatetime( ) 函数可以将其作为 datetime 类型来处理（见清单 4. 19）。

清单 4. 19　将日期视为 datetime 类型

In

```
pd.to_datetime(logs['purchase_datetime'][0], ➡
format='%Y-%m-%d %H:%M:%S').to_pydatetime()
```

Out

```
datetime.datetime(2018, 1, 1, 14, 59, 1)
```

备忘录　format 的指定格式

关于 format 的指定格式请读者参考以下文档（见表 4. 4）。

- **8.1.8. strftime() and strptime() Behavior**
  URL https://docs.python.org/3.6/library/datetime.html#strftime-and-strptime-behavior

表 4. 4　users

格　式	format
公历年	%Y
月	%m
日	%d
小时（24 小时制）	%H
分	%M
秒	%S

（2）从 UNIXTIME 到 datetime 的转换

通常看到的时间是 datetime 类型。根据对象事件的不同，也有使用 UNIXTIME（自 1970 年 1 月 1 日的秒数）的情况。这种情况下，使用 unit='s'作为 pd. to_datetime 的参数进行转换（见清单 4. 20）。

清单 4. 20　从 UNIXTIME 转换

In

```
# 2018-01-01 14:59:01 (JST) 的UNIXTIME是1514786341
pd.to_datetime(1514786341,  unit = 's')
```

Out

```
Timestamp('2018-01-01 05:59:01')
```

（3）timezone 的处理

在预处理数据时，使用的时区大部分是日本的时区（JST），但是某些情况下，这些数据可能包含 UTC（世界标准时间）。这种情况下，数据不能按原样整合，必须使用其中的一个时区。

这时可以使用 pytz 进行变换（见清单 4.21）。

清单 4.21 使用 pytz 变换

In

```
from pytz import timezone
timezone('Asia/Tokyo').localize(pd.to_➡
datetime(logs['purchase_datetime'][0], ➡
format='%Y-%m-%d %H:%M:%S'))
```

Out

```
Timestamp('2018-01-01 14:59:01+0900', tz='Asia/Tokyo')
```

像这样显示时区可以减少时间变换的错误，可以应用到数据框架中（见清单 4.22）。

清单 4.22 应用于数据框架

In

```
logs['purchase_datetime'] = pd.to_➡
datetime(logs['purchase_datetime'], ➡
format='%Y-%m-%d %H:%M:%S')
logs['purchase_datetime'] = logs['purchase_datetime'].➡
apply(lambda x: timezone('Asia/Tokyo').localize(x))
logs['purchase_datetime']
```

Out

```
0   2018-01-01 14:59:01+09:00
1   2018-02-07 10:23:44+00:00
2   2018-02-22 21:02:20+09:00
3   2018-03-10 09:41:00+09:00
4   2018-04-05 11:35:30+09:00
Name: purchase_datetime, dtype: datetime64[ns, Asia/Tokyo]
```

In

```
logs['purchase_datetime_utc'] = logs[➡
'purchase_datetime'].apply(lambda x: x.astimezone('UTC'))
logs['purchase_datetime_utc']
```

Out

```
0   2018-01-01 05:59:01+00:00
1   2018-02-07 10:23:44+00:00
```

```
2   2018-02-22 12:02:20+00:00
3   2018-03-10 00:41:00+00:00
4   2018-04-05 02:35:30+00:00
Name: purchase_datetime_utc, dtype: datetime64[ns, UTC]
```

这样，JST<=>UTC 可以相互转换。

(4) 用单位时间整合

现在，可以开始转换时间，先用 groupby 来分组聚合（见清单 4.23）。

清单 4.23　groupby 分组聚合

In

```
logs.groupby('purchase_datetime')['purchase_number'].sum()
```

Out

```
purchase_datetime
2018-01-01 14:59:01+09:00     2
2018-02-07 19:23:44+09:00     1
2018-02-22 21:02:20+09:00    10
2018-03-10 09:41:00+09:00     5
2018-04-05 11:35:30+09:00    10
Name: purchase_number, dtype: int64
```

这样的话就变成了每秒的整合，接下来创建年份列 purchase_year 和月份列 purchase_month 作为新列（见清单 4.24）。

清单 4.24　创建年份列 purchase_year 和月份列 purchase_month

In

```
logs['purchase_year'] = logs['purchase_datetime'].➡
apply(lambda x: x.year)
logs['purchase_month'] = logs['purchase_datetime'].➡
apply(lambda x: x.year)
```

可以使用 groupby 进行分组聚合（见清单 4.25）。

清单 4.25　使用 groupby 进行分组聚合

In

```
# 按年份
by_year = logs.groupby('purchase_year')➡
['purchase_number'].sum()

# 按月份
by_month = logs.groupby('purchase_month')➡
['purchase_number'].sum()
```

```
# 按年份月份
by_year_month = logs.groupby(['purchase_year', ➡
'purchase_month'])['purchase_number'].sum()
```

同样，也可以按小时或者按天进行整合。

4.2.6　合并

关系模型把主数据和日志数据合并起来使用。合并需要用到 Pandas 的 merge 函数。

在迄今为止的 logs 例子中，有时即使知道个数也不知道价格和顾客的年龄。因此可以将项目信息添加到购买数据中（见清单 4.26）。

清单 4.26　将项目信息添加到购买数据中

In

```
users = pd.read_csv('users.csv')
logs.merge(items, left_on='item_id', right_on='id')
```

Out

	id_x	item_id	user_id	purchase_number	purchase_datetime	purchase_datetime_utc	purchase_year	purchase_month	id_y	name	price	created_date
0	1	2	2	2	2018-01-01 14:59:01+09:00	2018-01-01 05:59:01+00:00	2018	2018	2	B	100	2018-01-05
1	4	2	3	5	2018-03-10 09:41:00+09:00	2018-03-10 00:41:00+00:00	2018	2018	2	B	100	2018-01-05
2	2	1	2	1	2017-04-07 19:23:44+09:00	2017-04-07 10:23:44+00:00	2017	2017	1	A	300	2017-02-01
3	3	3	1	10	2018-02-22 21:02:20+09:00	2018-02-22 12:02:20+00:00	2018	2018	3	C	500	2018-03-10
4	5	3	1	10	2018-04-05 11:35:30+09:00	2018-04-05 02:35:30+00:00	2018	2018	3	C	500	2018-03-10

此外，通过在合并之后对数据进行分组聚合，可以得到每个商品的销售额（见清单 4.27）。

清单 4.27　输出每个商品的销售额

In

```
item_logs = logs.merge(items, left_on='item_id', ➡
right_on='id', suffixes=('_logs','_items'))
user_logs = item_logs.merge(users, left_on='user_id', ➡
```

```
right_on='id', suffixes=('','_users'))
# 每个用户的销售额
user_logs.groupby('name_users')['price'].sum()
```

Out

```
name_users
たかこ      100
たかし      400
たけし     1000
Name: price, dtype: int64
```

同样地，使用 users 表中的 gender 列可以输出按性别划分的消费额（见清单 4.28）。

清单 4.28　按性别输出销售额

In

```
# 按性别划分的销售额
user_logs.groupby('gender')['price'].sum()
```

Out

```
gender
female     100
male      1400
Name: price, dtype: int64
```

有关 merge 函数参数的详细信息，请参考以下内容。

- **pandas.DataFrame.merge**
  URL https://pandas.pydata.org/pandas-docs/stable/generated/pandas.DataFrame.merge.html

4.3　数据的格式化

在本节中，将通过几个例子来介绍机器学习中的数据格式化方法。

4.3.1　数据种类的理解

把适当格式化的数据用于机器学习，首先需要理解数据的种类。

例如，来看一下 4.2 节中用过的简单的用户数据（见表 4.5）。

表 4.5　users（users.csv）

id	name	age	gender	registration_date
1	たけし	25	male	2018-04-01
2	たかし	55	male	2016-06-24
3	たかこ	38	female	2011-12-02

从数据类型来考虑的话，id 和 age 是 int 型，name 和 gender 是 str 型，registration_date 是 date 型。然而从尺度水准来考虑的话，id、name、gender 是名义尺度，registration_date 是间隔尺度，age 是比例尺度。接下来将分别介绍尺度水准的处理方法。

（1）名义尺度

像表 4.5 中 name 那样用户的名字是名义尺度（类别数据）。另外，在处理数据库时出现的 id 乍一看是数值型，因此在程序上可以做除法和加法运算，也可以作为本章中介绍的函数输入使用。但是，比较大小、差和比例都是没有意义的，只能在变量一致或不一致时使用，因此可以在计算出现次数时使用。具体来说，如 4.2 节中介绍的那样，对每个用户 name 中的信息进行分组聚合和合并，并将其作为特征量。另外，商品和星期等名义尺度也可以通过 dummy 化（one-hot）来处理。

（2）顺序尺度

问卷调查中用数值表示的内容、地震的震度、排名都是顺序尺度。在这里比较大小和中位数是有意义的，但是加法和聚合的平均值无意义。

（3）间隔尺度

日期和温度等是间隔尺度。它们的差是有意义的，而比例是没有意义的。表 4.5 中的 registration_date 是间隔尺度。在机器学习的应用中，转换为特定日期的差可以运用比例尺度。

清单 4.29 展示了将间隔尺度用比例尺度处理的例子。这里把最小的日期看作标准（0）。

清单 4.29　将间隔尺度用比例尺度处理的例子

In

```
import pandas as pd
users = pd.read_csv('users.csv')
users['registration_date'] = pd.to_datetime(➡
users['registration_date'], format='%Y-%m-%d')
mindate = users['registration_date'].min()
```

In

```
mindate
```

Out

```
Timestamp('2011-12-02 00:00:00')
```

可以用 pd. Timedelta 或 days 函数转换为相对最小日期的时间差（见清单 4.30）。

清单 4.30　相对最小日期的时间差转换

In

```
users['registration_date_diff'] = users['registration_➡
date'].apply(lambda x: pd.Timedelta(x - mindate).days)
```

In

```
users['registration_date_diff']
```

Out

```
0    2312
1    1666
2       0
Name: registration_date_diff, dtype: int64
```

这样就可以作为比例尺度来处理，也可以进行后述的标准化。属于比例尺度的年龄也可以从生日这一间隔尺度考虑现在日期的差值。

另外，4.2 节中出现的 UNIXT IME 也是从标准年月（1970 年 1 月 1 日）经过的秒数来定义的。

(4) 比例尺度

表 4.5 中的年龄和表 4.6 中的价格等是比例尺度。大小关系、差、比均有意义，“0”也有意义。例如，可以有“A 的价格是 B 价格的 3 倍”这样的表达。

表 4.6　items（items. csv）

id	name	price	created_date
1	A	300	2017-02-01
2	B	100	2018-01-05
3	C	500	2018-03-10

(5) dummy 变量

由于很难直接处理星期这样的名义尺度，所以有必要设置 dummy 变量（见表 4.7）。另外，分组聚合等也可以通过计算出现次数的方式来作为比例尺度来处理。

表 4.7　dummy 变量的数据（weekday. csv）

date	weekday
2018-05-14	星期一
2018-05-15	星期二
2018-05-16	星期三
2018-05-17	星期四
2018-05-18	星期五
2018-05-19	星期六
2018-05-20	星期日

表 4.7 中的数据，可以使用 get_dummies 转换为数字数据（见清单 4.31）。请将 CSV 文件（weekday.csv）保存在 jupyter notebook 文件所在的目录中。

清单 4.31　使用 get_dummies 转换

In

```
import pandas as pd
weekday = pd.read_csv('weekday.csv')
dummy = pd.get_dummies(weekday[['weekday']])
```

In

```
dummy
```

Out

	weekday_土	weekday_日	weekday_月	weekday_木	weekday_水	weekday_火	weekday_金
0	0	0	1	0	0	0	0
1	0	0	0	0	0	1	0
2	0	0	0	0	1	0	0
3	0	0	0	1	0	0	0
4	0	0	0	0	0	0	1
5	1	0	0	0	0	0	0
6	0	1	0	0	0	0	0

4.3.2　标准化

将数据转换为标准差：1，均值：0 的过程称为标准化。标准化在列的平均值或分布差异很大时使用。例如，k-均值法使用数据之间的距离进行分组，每个特征值的平均和方差存在很大差异的情况下，如果不进行标准化，就会形成偏向于特定特征的分组。

标准数据 $X=(x_1,x_2,\cdots,x_i)$ 标准化后的值用 z 表示，记作

$$z_i=\frac{x_i-\mu}{\sigma}\qquad \mu:\text{平均}\quad \sigma:\text{标准偏差}$$

下面来考虑表 4.8 中身体测量数据标准化的例子。使用 sklearn.preprocessing 中的 StandardScaler 计算（见清单 4.32）。

表 4.8　身体测量数据（height_weight.csv）

id	height	weight
1	180	80
2	175	85
3	170	70

（续）

id	height	weight
4	155	60
5	167	63
6	163	68
7	186	100

清单 4.32　标准化

In

```
import pandas as pd
from sklearn.preprocessing import StandardScaler
height_weight = pd.read_csv('height_weight.csv')
scaler = StandardScaler()
scaler.fit(height_weight[['height','weight']])
height_weight['standalized_height'] = [x[0] for x in ➡
scaler.transform(height_weight[['height','weight']])]
height_weight['standalized_weight'] = [x[1] for x in ➡
scaler.transform(height_weight[['height','weight']])]
```

In

```
height_weight
```

Out

	id	height	weight	standalized_height	standalized_weight
0	1	180	80	0.942400	0.372079
1	2	175	85	0.427025	0.755102
2	3	170	70	-0.088350	-0.393966
3	4	155	60	-1.634475	-1.160012
4	5	167	63	-0.397575	-0.930199
5	6	163	68	-0.809875	-0.547176
6	7	186	100	1.560850	1.904171

通过使用上述处理，可以比较不同的数据，如体重和身高。通过比较标准化后的数字，可以进行进一步的比较，比如 id = 1 相对于身高来说体重较轻，id = 6 相对于身高来说体重较重。

4.3.3　缺省值

本小节来解释读取的数据中出现缺省值的情况。在 Pandas 中，缺省值表示为 NaN（Not a

Number）（见清单 4.33）。

清单 4.33　出现缺省值的情况

In

```
import numpy as np
string_array = pd.DataFrame({'name': ['test1', np.nan, ➡
'test2', 'test3']})
```

In

```
string_array
```

Out

	name
0	test1
1	NaN
2	test2
3	test3

（1）提取缺省值

isnull 函数可用于提取缺省值 NaN（见清单 4.34）。此外，还可以使用 notnull 函数提取非 NaN（见清单 4.35）。

清单 4.34　提取 NaN

In

```
string_array.isnull()
```

Out

	name
0	False
1	True
2	False
3	False

清单 4.35　提取非 NaN

In

```
string_array.notnull()
```

Out

	name

0	True
1	False
2	True
3	True

（2）删除缺省值

可以使用上述 isnull 函数删除缺省值，但是 dropna 函数可以很容易地仅提取除 NaN 以外的记录（见清单 4.36）。

清单 4.36　仅提取除 NaN 以外的记录

In

```
string_array.dropna()
```

Out

	name
0	test1
2	test2
3	test3

对于多列数据帧，还可以通过使用参数 axis 来删除列。

（3）补全缺省值

使用 fillna 函数可以补全缺省值。可以用参数中指定的值替换缺省值（见清单 4.37）。

清单 4.37　用参数中指定的值替换缺省值

In

```
string_array.fillna('err')
```

Out

	name
0	test1
1	err
2	test2
3	test3

也可以用平均值进行替换。清单 4.38 展示了替换上述身高和体重的例子。

清单 4.38　使用平均值替换缺省值

In

```
import pandas as pd
from sklearn.preprocessing import StandardScaler
height_weight = pd.read_csv('height_weight.csv')
```

```
height_weight['height'][2] = np.nan # 尝试用NaN替换
```

In

```
height_weight['height']
```

Out

```
0    180.0
1    175.0
2      NaN
3    155.0
4    167.0
5    163.0
6    186.0
Name: height, dtype: float64
```

In

```
height_weight['height'].fillna(height_weight➡
['height'].mean())
```

Out

```
0    180.0
1    175.0
2    171.0
3    155.0
4    167.0
5    163.0
6    186.0
Name: height, dtype: float64
```

由上面的例子可知缺省值可以用平均值替换。可以根据实际情况用 dropna、fillna 或任何类型的常量来替换。

4.4　非结构化数据的处理

本节将介绍格式化数字、日期以外的非结构化数据的方法。

4.4.1　文本数据的预处理

用计算机处理文本数据称为自然语言处理。

词素分析

处理文本数据的最简单方法是将文本拆分为单词。在英语等语言中，可以用空格将单词拆分，但在日语和汉语等语言中，这就不是那么简单了。

所以用的是词素分析器。词素分析是把句子分割成具有意义的对象单位词素，推断词素词性的技术。

严格来说，词素不一定是单词，但在本章中就不赘述了。日语的词素分析器有很多种，本章使用的是 MeCab。

4.4.2　终端中 MeCab 的应用

本小节介绍 MeCab 在终端的使用方法。

（1）安装 MeCab

首先，通过下面的命令安装 MeCab。

终端

```
(env) $ brew install mecab
```

另外，为了使用词素分析，需要规定词素和词类的词典。接着来安装 IPA 词典※2吧。

※2 MeCab 可以使用包含日语单词和词性的词典。

终端

```
(env) $ brew install mecab-ipadic
```

安装好之后，接下来尝试在终端使用 MeCab 吧。

终端

```
(env) $ mecab
今日はいい天気ですね
今日	名詞,副詞可能,*,*,*,*,今日,キョウ,キョー
は	助詞,係助詞,*,*,*,*,は,ハ,ワ
いい	形容詞,自立,*,*,形容詞・イイ,基本形,いい,イイ,イイ
天気	名詞,一般,*,*,*,*,天気,テンキ,テンキ
です	助動詞,*,*,*,特殊・デス,基本形,です,デス,デス
ね	助詞,終助詞,*,*,*,*,ね,ネ,ネ
EOS
```

这样就可以进行词素分析了。

（2）使用 neologd

IPA 词典可以说是最正规、最可信的词典，但由于它是 1998 年出版的，所以无法识别新词。

neologd 是对应这些新词的词典。neologd 在分析包含新单词的数据时非常有用，因为它是不断更新的。另一个问题是存在新词与词性的对应不充分，所以需要判断它是否适合用例。

首先使用下面的命令安装 neologd。

终端

```
(env) $ git clone  https://github.com/neologd/mecab-➡
ipadic-neologd.git
```

终端

```
(env) $ cd mecab-ipadic-neologd
```

使用以下命令下载最新版本的词典。在下面的命令之后，将会收到一个询问是否安装的 yes/no 消息，输入 yes 继续操作。

终端

```
(env) $ ./bin/install-mecab-ipadic-neologd -n
```

安装成功后，就可以使用下面的命令了。

终端

```
(env) $ mecab -d <neologd安装目录的路径㊀>
```

接下来尝试使用 neologd 字典。

终端

```
日本シリーズでソフトバンクが勝利
日本シリーズ    名詞,固有名詞,一般,*,*,*,日本シリーズ,ニッポンシリー➡
ズ,ニッポンシリーズ
で              助詞,格助詞,一般,*,*,*,で,デ,デ
ソフトバンク    名詞,固有名詞,組織,*,*,*,ソフトバンク,ソフトバンク,➡
ソフトバンク
が              助詞,格助詞,一般,*,*,*,が,ガ,ガ
勝利            名詞,サ変接続,*,*,*,*,勝利,ショウリ,ショーリ
```

4.4.3 Python 中 MeCab 的应用

本小节介绍如何从 Python 代码中使用 MeCab㊁。

㊀ 安装完成后，将显示如下所示包含命令和目录的路径，请输入该路径。

```
(env) $ mecab -d  /usr/local/lib/mecab/dic/mecab-ipadic-neologd
```

㊁ 若提示 Swig 安装失败，请访问 https://developer.apple.com/download/more/并下载 Command_Line_Tools_macOS_10.13_for_Xcode_9.4.1/Command_Line_Tools_macOS_10.13_for_Xcode_9.4.1 dmg 进行安装。

(1) 在 Python 中使用 MeCab

请运行下面的命令在 Python 中使用 MeCab。

终端

```
(env) $ brew install swig
(env) $ pip install mecab-python3
```

接下来实际运行代码看看吧，如清单 4. 39 所示，单词被空格分隔。

清单 4. 39　用空格分隔的单词

In

```
import MeCab
m = MeCab.Tagger('-Owakati -d <neologd已安装 ➡
目录路径>')
m.parse("日本シリーズでソフトバンクが勝利")
```

Out

```
'日本シリーズ で ソフトバンク が 勝利 \n'
```

如清单 4. 40 所示，也可以用半角空格分隔单词。

清单 4. 40　半角空格分隔单词

In

```
m.parse("日本シリーズでソフトバンクが勝利").split(' ')
```

Out

```
['日本シリーズ', 'で', 'ソフトバンク', 'が', '勝利', '\n']
```

此外，还可以仅分隔名词（见清单 4. 41）。

清单 4. 41　仅分隔名词[㊀]

In

```
nodes = m.parseToNode("日本シリーズでソフトバンクが勝利")
surfaces = []
while nodes:
    if nodes.feature[:2] == '名詞' :
```

㊀ 如果输出结果为［'日本シリーズでソフトバンクが勝利','シリーズでソフトバンクが勝利','ンフトバンクが勝利','勝利'］，则表示可能存在程序错误（bug），对应的解决方法，请参考以下网址：

- MeCab 中 surface 未输出期望值的程序错误

https://qiita.com/rinatz/items/410dd55e98f1eddc8071

```
        surfaces.append(nodes.surface)
    nodes = nodes.next
print(surfaces)
```

Out

```
[' 日本シリーズ ', 'ソフトバンク ', '勝利']
```

接下来将文本向量化。正如本章中反复提到的，机器学习需要将数据向量化。

数据向量化有好几种方法，其中最简单的方法是 Bag of Words[⊖] 的形式，它将每个单词向量化为一个维度。

Bag of Words 的形式无法考虑单词的顺序，但它是一种古老的方法，在许多任务中都取得了成果。

作为 Bag of Words 中每个维度的值，首先使用最简单的出现的单词数。

接下来就用 sklearn 的 feature_fextraction. text 提供函数，对清单 4. 42 中的三个文本进行向量化。

清单 4. 42　对三个文本进行向量化

In

```
import MeCab
from sklearn.feature_fextraction.text import ➡
CountVectorizer
count_vectorizer = CountVectorizer()
doc_1 = m.parse("日本シリーズでソフトバンクが勝利")
doc_2 = m.parse("ソフトバンクが新機種を発売")
doc_3 = m.parse("錦織圭が勝利")
vectors = count_vectorizer.fit_transform([doc_1, ➡
doc_2, doc_3])
vectors.toarray(), count_vectorizer.get_feature_names()
```

Out

```
(array([[1, 1, 0, 1, 0, 0],
        [1, 0, 1, 0, 1, 0],
        [0, 1, 0, 0, 0, 1]], dtype=int64),
 ['ソフトバンク', '勝利', '新機種', '日本シリーズ', '発売', ➡
'錦織圭'])
```

清单 4. 42 中 vectors 是文本-词素的矩阵，可以通过 count_vectorizer. get_feature_names( ) 确认各维度与哪个词素对应。软银包含在 doc_1 和 doc_2 中，第 0 个单词是软银，因此 doc_1 和

⊖ 指文档中是否包含单词。

doc_2 的第 0 个值是 1。

对于基于出现次数的向量表示，在许多文本中出现的多个词素会产生很大的影响。但是在对文本进行分类、分析的时候，需要建立一个向量来展示这个文本的特征。通过将与表征文本的单词相对应的维度值设置为较大的值，可以向量化文本的特征。

在此，将表征文本特征的词素视为“不出现在许多文本中，但出现在该文本中的词素”。表示这些特征的加权方法是 Term Frequency-Inverse Document Frequency（TF-IDF）。TF-IDF 由以下表达式表示

$$\mathrm{tfidf}(w,d)=\mathrm{tf}(w,d)\,\mathrm{idf}(w)$$

$$\mathrm{tf}(w,d)=\frac{n_{w,d}}{\sum_{d_i \in D} n_{w,d_i}}$$

$$\mathrm{idf}(w)=\log\frac{|D|}{|d_i \in D : w \in d_i|}$$

式中，w 代表词素；d 代表文本；D 代表文本的集合；$\mathrm{tf}(w,d)$ 代表一个词素 w 在文本 d 中出现的次数除以所有文本 D 中出现的词素 w 的数量，表示该词素在文本 d 中出现的频率；$\mathrm{idf}(w)$ 代表所有文本的数量除以包含词素 w 的文本数量的对数，其中词素 w 在所有文本中出现得越少，值就越大；$\mathrm{tfidf}(w,d)$ 代表文本 d 中出现的词素 w 在文本 d 中出现的频率，它描述词素 w 在文本 d 中的独特程度。

（2）文本分类

为了测量 TF-IDF 加权的效果，接下来将文本进行分类。

使用 NHN 公司提供的数据集 livedoor 新闻语料库。livedoor 新闻语料库包含来自 9 个媒体的 7367 篇新闻文章。接下来用频率和 TF-IDF 来比较一下这个数据集中的新闻报道来自哪个媒体的预测任务（见清单 4.43～清单 4.45）。将下载和解压缩的数据（“dokujo-tsushin”“it-life-hack”“kaden-channel”“livedoor-homme”“movie-enter”“peachy”“smax” 和 “sports-watch”“topic-news” 文件夹）保存在 jupyter notebook 文件所在的目录中的 “livedoor_newscorpus” 文件夹中。

● **livedoor 新闻语料库**

URL https://www.rondhuit.com/download/ldcc-20140209.tar.gz

清单 4.43　预测数据集中的新闻报道来自哪些媒体的准备

In

```
import os
import MeCab
from sklearn.feature_extraction.text import (
    CountVectorizer,
    TfidfVectorizer,
)
from sklearn.linear_model import LogisticRegression
```

```
from sklearn.model_selection import cross_val_score

MEDIA_LIST = [
    'dokujo-tsushin',
    'it-life-hack',
    'kaden-channel',
    'livedoor-homme',
    'movie-enter',
    'peachy',
    'smax',
    'sports-watch',
    'topic-news',
]


def get_title_from_txt(txt):
    title = ' '.join(txt.split('\n')[2:])
    return title


def load_livedoornews_corpus():
    corpus = []
    for media_idx, media in enumerate(MEDIA_LIST):
        for filename in os.listdir(➡
'./livedoor_newscorpus/{}/'.format(media)):
            txt = open('./livedoor_newscorpus/{}/{}'.➡
format(media, filename), encoding="utf8", ➡
errors='ignore').read()
            title = get_title_from_txt(txt)
            corpus.append((media_idx, title))
    return corpus
```

In

```
corpus = load_livedoornews_corpus()
media_labels = []
docs = []
m = MeCab.Tagger('-Owakati -d <neologd已安装目录路径>') ➡

for media_idx, title in corpus:

    media_labels.append(media_idx)
    words = m.parse(title)
    docs.append(words)
```

```
count_vectorizer = CountVectorizer()
count_vectors = count_vectorizer.fit_transform(docs)

tfidf_vectorizer = TfidfVectorizer()
tfidf_vectors = tfidf_vectorizer.fit_transform(docs)
```

清单 4.44　使用出现频率的情况

In

```
model = LogisticRegression(multi_class='multinomial', ➡
solver='lbfgs', max_iter=300)
cross_val_score(model, count_vectors, media_labels, cv=5)
```

Out

```
array([0.94328157, 0.95389831, 0.95658073, 0.95247794, ➡
0.9389002 ])
```

清单 4.45　使用 TF-IDF 的情况

In

```
model = LogisticRegression(multi_class='multinomial', ➡
solver='lbfgs', max_iter=300)
cross_val_score(model, tfidf_vectors, media_labels, cv=5)
```

Out

```
array([0.91762323, 0.92067797, 0.92740841, 0.92600136, ➡
0.9137814 ])
```

比较清单 4.44 和清单 4.45，TF-IDF 的分类精度较低。这是因为 livedoor 新闻语料库成为了发送源媒体的分类问题，整体上出现频率高的词已经成为媒体的特征。

TF-IDF 是自然语言处理中经常使用的一种方法，但需要注意的是，其效果因任务和数据集而异。这不仅限于 TF-IDF，而且是在整个机器学习方法中。

4.4.4　图片数据的处理

接下来介绍一些处理图像数据的示例。图像有几种文件格式，本小节介绍的是一个处理手写字符识别（MNIST）jpg 数据的示例。

（1）下载 MNIST 数据

MNIST 数据可以从以下网站下载，也可以从 sklearn 的 datasets 中使用。

- **THE MNIST DATABASE of handwritten digits**
  URL　http://yann.lecun.com/exdb/mnist/

首先按清单 4.46 所示下载 MNIST 的数据。

清单 4.46　下载 MNIST 数据

In

```
from sklearn import datasets
mnist = datasets.fetch_mldata('MNIST original', ➡
data_home='data/') ➡
# 可以用data_home指定下载目录
print(mnist.data[1] )
```

Out

```
[  0   0   0   0   0   0   0   0   0   0   0   0   0 ➡
0   0   0   0   0
   0   0   0   0   0   0   0   0   0   0   0   0   0 ➡
0   0   0   0   0
   0   0   0   0   0   0   0   0   0   0   0   0   0 ➡
0   0   0   0   0
   0   0   0   0   0   0   0   0   0   0   0   0   0 ➡
0   0   0   0   0
   0   0   0   0   0   0   0   0   0   0   0   0   0 ➡
0   0   0   0   0
   0   0   0   0   0   0   0   0   0   0   0   0   0 ➡
0   0   0   0   0
   0   0   0   0   0   0   0   0   0   0   0   0   0 ➡
0   0   0   0   0
   0   0   0  64 253 255  63   0   0   0   0   0   0 ➡
0   0   0   0   0
 229 168  15   0   0   0   0   0   0   0   0   0   0 ➡
0   0   0   0   0
   0   0   0   0   0  95 212 251 211  94  59   0   0 ➡
0   0   0   0   0
   0   0   0   0   0   0   0   0   0   0   0   0   0 ➡
0   0   0   0   0
   0   0   0   0   0   0   0   0   0   0   0   0   0 ➡
0   0   0   0   0
   0   0   0   0   0   0   0   0   0   0   0   0   0 ➡
0   0   0   0   0
   0   0   0   0   0   0   0   0   0   0   0   0   0 ➡
0   0   0   0   0
   0   0   0   0   0   0   0   0   0   0   0   0   0 ➡
0   0   0   0   0
   0   0   0   0   0   0   0   0   0   0   0   0   0 ➡
0   0   0   0   0
   0   0   0   0   0   0   0   0   0   0]
(…略…)
```

可以通过清单 4. 47 中的命令查看数据的数量。

清单 4. 47　数据数量

In

```
len(mnist.data[0] )
```

Out

```
784
```

（2）获取图像数据、确认大小和利用数据的输入/输出

在 sklearn 中获得的 MNIST 图像数据是字节类型的数据。由于实际处理的数据通常是 jpg 格式，因此这里使用名为 Pillow 的库扩展 jpg 图像的示例。读者可以使用 pip 命令安装 Pillow。

终端

```
(env) $ pip install Pillow
```

作为 MNIST 的原始数据的 jpg 的图像可以从下面的 URL 下载。下载数据需要在 Kaggle 上注册账户。请将下载和解压缩的数据（“test Sample” 和 “training Sample” 文件夹）保存在 jupyter notebook 文件所在的目录中。

- **MNIST as .jpg**
  URL https://www.kaggle.com/scolianni/mnistasjpg

如清单 4. 48 所示，获取图像数据。

清单 4. 48　获取图像数据

In

```
from PIL import Image
import numpy as np

img = Image.open('testSample/img_1.jpg')
img
```

Out

图像的大小可以由清单 4. 49 确认。

清单 4. 49　获取图像大小

In

```
img.size
```

Out

```
(28, 28)
```

如清单 4.50 所示，可以用来输入和输出机器学习的数据。

清单 4.50 输入和输出数据

In

```
img_array = []
for y in range(img.size[0]):
    for x in range(img.size[1]):
        img_array.append(img.getpixel((x,y)))
```

In

```
data = np.array(img_array)
```

In

```
data
```

Out

```
array([  0,   0,   0,   0,   0,   0,   0,   0,   0,    ➡
1,   3,   0,   0,
         4,   2,   0,  11,   0,   0,  14,   1,   0,    ➡
19,   0,   0,   0,
         0,   0,   0,   0,   0,   0,   0,   0,   0,    ➡
0,   0,  12,   0,
         0,   7,   0,   1,  10,   0,   2,   2,  16,    ➡
0,   3,   3,   0,
         0,   0,   0,   0,   0,   0,   0,   0,   0,    ➡
0,   0,   0,   7,
         8,   0,   8,   0,   0,   8,   0,   0,  19,    ➡
0,   0,   1,  21,
         0,   4,   0,   0,   0,   0,   0,   0,   0,    ➡
0,   0,   0,   0,
         0,   0,   0,   1,   0,   0,   1,   0,   0,    ➡
0,   0,   0,  11,
         0,   0,   0,   0,   0,   0,   0,   0,   0,    ➡
0,   0,   0,   0,
         0,   0,   0,   0,   0,   0,   0,   0,   0,    ➡
0,   0,   0,   0,
         0,   0,   0,   0,   0,   0,   0,   0,   0,    ➡
0,   0,   0,   0,
         0,   0,   0,   0,   0,   0,   0,   0,   0,    ➡
0,   0,   0,   0,
         0,   0,   0,   0,   0,   0,   0,   0,   0,    ➡
0,   0,   0,   0,
```

```
              0,   0,   0,   0,   0,   0,   0,   0,   0,  ➡
0,   0,   0,   0,
              0,   0,   0,   0,   0,   0,   0,   0,   0,  ➡
0,   0,   0,   0,
              0,   0,   0,   0,   0,   0,   0,   0,   0,  ➡
0,   0,   0,   0,
              0,   0,   0,   0])
(…略…)
```

4.5　不平衡数据的处理

本节将来学习实际操作中经常会出现的问题——不平衡数据的处理。不平衡数据其特性与机器学习模型的性能密切相关，不具备相关知识的情况下进行处理是非常危险的。

4.5.1　分类问题中的不平衡数据

这里特别地考虑分类问题中的不平衡数据。使用给出的数据 $D=\{(x_1,y_1),\cdots,(x_N,y_N)\}\subset\mathbb{R}^n\times S$，当 $x\in\mathbb{R}^n$ 时，构建近似于 $y\in S$ 的条件概率 $p(Y=y\mid X=x)$ 的模型就是分类问题。

每个标签对应的样本集合可以通过以下公式获得，即

$$D_y:=\{(x_i,y_i)\in D\mid y_i=y\}\subset D,\quad y\in S$$

当上述样本的大小因标签 $y\in S$ 而异时，数据 D 就称为不平衡数据。不平衡数据在实际操作中是非常常见的。

例如从信用卡交易记录中检测到非法交易的问题。这个问题是正常交易和非法交易的二值分类问题，但是由于正常交易（$y=0$）与非法交易（$y=1$）相比占压倒性的多数，得到的数据$\#D_0\neq\#D_1$ 自然是不平衡数据。其他诸如互联网广告的转换和点击量的预测任务等，也是分类问题的例子，得到的自然也是不平衡数据。

4.5.2　数据不平衡问题

数据不平衡会有什么样的问题呢？比如在 $S=\{0,1\}$ 的二值分类问题中，假设$\#D_0/\#D=0.001$，$\#D_1/\#D=0.999$ 所示标签 $y=1$ 的样本非常多。这时，对于全部的 x，有分类模型，即

$$q(y=0\mid X=x)=0$$
$$q(y=1\mid X=x)=1$$

也就是说，如果预测标签为 1，则返回的模型正确率将会变得很高。实际上是 0.999，将会判断模型是非常好的模型。

这不仅限于任意制作上述显而易见的模型。在许多分类问题中，准备一个参数为 θ 的模

型 $q_\theta(Y=y \mid X=x)$，并进行真实分布的近似 $p(Y=y \mid X=x)$。作为近似尺度的损失函数，负的平均似然函数是最普遍的，即

$$L(\theta,D)=-\frac{1}{N}\sum_{(x_i,y_i)\in D}\log q_\theta(Y=y_i \mid X=x_i)$$

这个公式在 $S=\{0,1\}$ 二值分类问题的情况下，写作

$$L(\theta,D)=-\frac{1}{N}\left(\sum_{(x,0)\in D_0}\log q_\theta(Y=0 \mid X=x)+\sum_{(x,1)\in D_1}\log q_\theta(Y=1 \mid X=x)\right)$$

不依赖标签乘以$\frac{1}{N}$，属于一个标签的样本数量有偏差，与此同时对各个样本损失函数的贡献变小。结果显示，像上述 D_1 的样本数极多的情况下，学习结果容易陷入显而易见的模型中。

4.5.3 一般的处理方法

处理不平衡数据时最常见的方法是使用多个评价指标来评价模型。例如在上述例子中，对于标签 $y=0$ 召回率为 0.0，因此可以在精度评价阶段检测出其为无意义的模型。

其他在 scikit-learn 中可以实现的基本方法（再者，也有理论上将降采样法和 bagging 组合使用得到效果很好的研究结果），将在后面举例说明。

4.5.4 样本权重的调整

首先，有一种方法可以来调节样本的权重，即对各个样本损失函数的贡献。具体来说，对于各个 $(x_i,y_i)\in D$、权重 $w_i\in\mathbb{R}$，则对加权损失函数进行最小化，即

$$\widetilde{L}(\theta,D)=-\frac{1}{N}\sum_{i=1}^{N}w_i\log q_\theta(Y=y_i \mid X=x_i)$$

确定 w_i 的方法有标签比率的倒数，即

$$w_i:=\frac{\#D}{\#D_{y_i}}$$

在这种情况下，所属样本数量越多的标签对损耗函数的贡献越小，反之，所属样本数量越少的标签对损耗函数的贡献越大。

scikit-learn 允许在某些类中指定样本权重（见清单 4.51），例如，可以将权重传递给 sklearn. linear_model. SGDClassifier fit 方法的参数 sample_weight。通过将 class_weight 变量传递给 sklearn. linear_model. SGDClassifier 类的构造函数，可以很容易地指定由标签确定的示例权重。

清单 4.51 标签决定样本的权重

In

```
import numpy as np
from sklearn import linear_model
```

```
N = 100

X = np.random.normal(0, 1, (N, 10))
y = np.array([np.random.randint(0, 2) for _ in range(N)])
np.random.shuffle(y)

class_weight = {
    0: len(y) / len(y[y == 0]),
    1: len(y) / len(y[y == 1])
}

clf = linear_model.SGDClassifier(
    alpha=0.01, max_iter=100, class_weight=class_weight
)
clf.fit(X, y)
```

Out

```
SGDClassifier(alpha=0.01, average=False,
       class_weight={0: 2.127659574468085, 1:
1.8867924528301887},
       epsilon=0.1, eta0=0.0, fit_intercept=True, ➡
l1_ratio=0.15,
       learning_rate='optimal', loss='hinge', ➡
max_iter=100, n_iter=None,
       n_jobs=1, penalty='l2', power_t=0.5, ➡
random_state=None,
       shuffle=True, tol=None, verbose=0, ➡
warm_start=False)
```

4.5.5　降采样法

改变样本权重的方法直观来看非常好理解，但是决定其适当性是一个非常难的问题。在降采样法中，随机抽取（采样）使得所有标签所属的样本数相等，即数据平衡。降采样法是最基本最常用的方法。只有当降采样法能够产生足够多数量的训练数据时才使用该方法（不平衡数据原本就不适合机器学习的可能性很大），由于每个标签对损失函数的贡献是均匀的，因此问题变得更容易理解。

例如，在 Python 中，可以如清单 4.52 所示进行降采样。

清单 4.52　降采样法示例

In

```
import numpy as np
import random
```

```
N = 100

X = np.random.normal(0, 1, (N, 10))
y = np.array([np.random.randint(0, 2) for _ in range(N)])
np.random.shuffle(y)

y_0 = y[y == 0]
n_0 = len(y_0)

y_1 = y[y == 1]
n_1 = len(y_1)

if n_0 < n_1:
    y_1 = y_1[random.sample(range(0, n_1), n_0)]
else:
    y_0 = y_0[random.sample(range(0, n_0), n_1)]
```